本书献给在荒原里的伙伴们，献给脚下的泥土和眼前的微光

吉林大学哲学社会科学普及读物

罗布泊腹地的旅人

72天科考随记

魏东 著

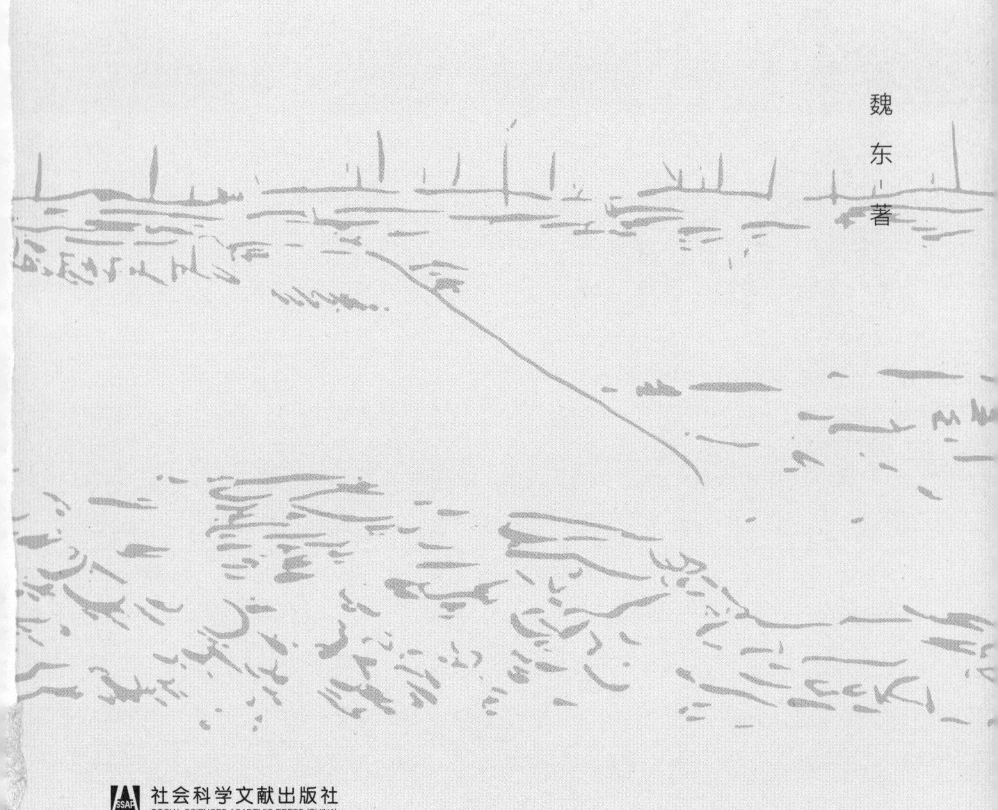

社会科学文献出版社
SOCIAL SCIENCES ACADEMIC PRESS (CHINA)

THE
FACE

كروران مۇزېيى
樓蘭
博物馆
Loulan Museum

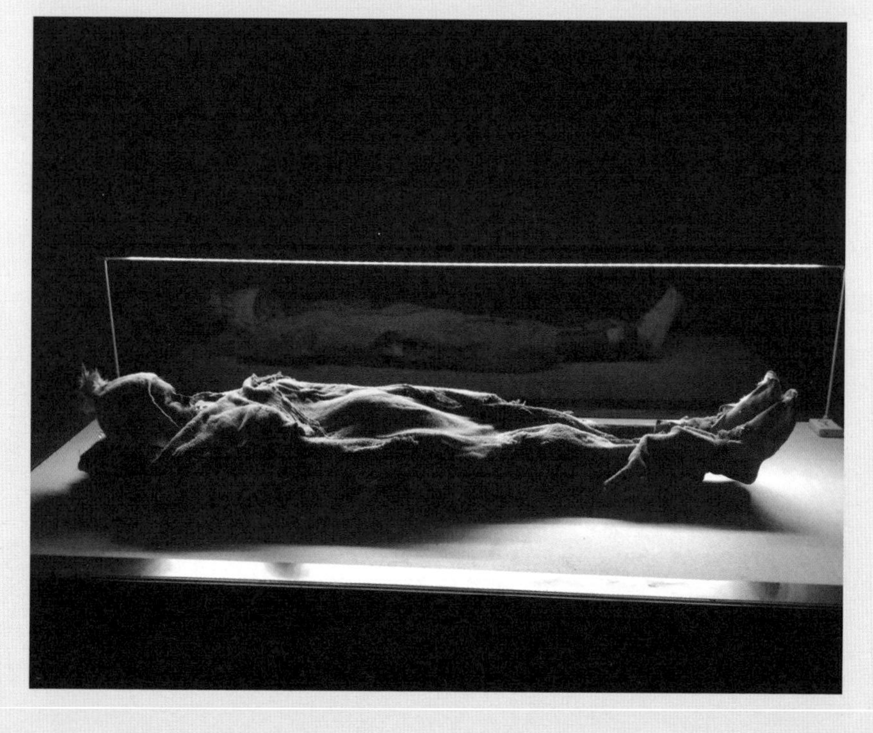

序

/

秦小光

魏东去年就告诉我，他写了一本记录我们五年罗布泊综合科考点滴的书，想请我作序，现在终于看到了。书中平实而又细腻的言语，唤起了我的记忆，我忍不住一口气读完，脑子里依然是罗布泊野外浩瀚无垠、寂寞荒凉的留影。在平时熟悉的学术论文中我们无法把科考中的很多体悟写出来，也很难记录科考工作与生活中的点点滴滴，魏东这本书很好地将科学与文学结合起来，把科考中的“遇见”和体悟与科学考察的目的和发现真实地记录、表达出来，既像读散文、游记，又让人从中获得了知识，了解了楼兰。作为综合科考的组织者和亲历者，阅读此书，我倍感亲切。

这次综合科考虽然经费不算多，却是罗布泊地区迄今为止规模最大、学科最全、持续时间最长的综合科学考察。因为吉林大学的体质人类学研究团队和古代DNA研究团队，在研究我国的古代人群方面已经做了很多开创性的工作，在本次综合科考中这两个团队派出人员组成吉林大学科考团队，他们的任务就是考察研究罗布泊不同时期古人之间乃至与现代人之间的传承关系。朱泓老师派来了魏东、春雪、会秋三位年轻干将。本来还有好几位老教授也是项目团队的成员，但罗布泊无人区艰苦的条件实在不适合他们参与野外科考工作，因为那里真是一个一旦有人有个病痛，很难送出来救治的地方，我们不希望出现彭加木、余纯顺那样的意外。即使是魏东、春雪、会秋三位人高马大、身强力壮的小伙子，在罗布泊荒原也遭遇了多次险境。

根据综合科考的任务，在五年里的多次科考中，吉林大学科考团队多数时间是围绕楼兰地区的古墓开展工作。这些古墓都被盗掘过，在地表留下的盗坑是我们在遥感图像上寻找、定位的主要线索。每次我们到了古墓，把魏东团队几人放下后，我就带其他人离开去做面上的考察。对我个人而言，我对古墓里的人体骸骨很怵，不像魏东能够拿着骨头研究测量半天，还可以从骸骨上的各种特征推测出各种可能。比如他发现很多骸骨有关节炎的特点，还发现有人腿骨折断后没有很好地愈合，导致腿骨完全变形，这些信息都有助于我们分析楼兰当时的医疗状况和环境特点。

每次结束古墓考察后，吉林大学科考团队都会参与整个科考团队的扫面考察。一天，科考团队分成多个由2～4人组成的小组，对一个区块进行考察。下午，我和学生李康康一组正在考察一处炉渣和陶片密集点，突然从对讲机里传来魏东和张磊激动的呼叫声：“队长，队长，赶紧过来，有重大发现！”问清他们的方位后，我们连忙赶过去，一到那里，顿时惊呆了，遍地的陶片，比楼兰古城里还多，范围规模也不亚于楼兰古城。这无疑是一处大型遗址，是过去未见报道的全新发现，很可能在古楼兰时期具有重要的地位。此处必须列出最先发现这个遗址的四个人，他们是魏东、张磊、王春雪和田小红。随后其他科考队员也都来到了这里，惊叹之余大家一致认为应该给这个遗址命名，魏东建议用他们四个发现者的名字命名，可却发现“魏王张田遗址”这个名字实在太长，不够简明易记，鉴于遗址地处两条河流之间，大家最后取名为“双河遗址”。从这本书里，我才知道魏东心里对此一直甚为遗憾。

魏东长期做田野考古工作，有丰富的田野工作经验。每次野外扎营，他的团队都偏离大队营区，离有发电机供电的大帐篷很远，大帐篷旁边的灯光也照不到他们。一开始我还奇怪他们为啥不合群，后来发现他们在“用”卫生巾！原来他们每天出发前把卫生巾垫在鞋里，这样在雅丹区跋涉时，一方面可以很好地保护脚底，另一方面可以有效吸汗去味，在无法洗脸洗脚的无人区，晚上睡觉时可以减少帐篷和睡袋里的异味。这应该是他们在长期田野考古过程中总结出来的成功经验，大概是怕我们嘲笑他们几个大小伙子“使用”卫生巾，所以才会选择营地边缘安置帐篷。

不过人高马大的魏东在田野考古时也有他的短板，这一点在一次我们去考察若羌城南若羌河出山口的一个唐朝戍堡时得到了体现。这个戍堡坐落在山口外的一座石山山顶上，非常险峻，只有北边一条山脊可以上山。因为上面的平台是用石块垒砌而成的，被称为石头城，后来若羌文物局立的碑上写作“若羌南遗址”。山顶平台的南侧是陡崖，北侧则有防卫的石墙，易守难攻。根据炭坑中炭屑的碳十四测算，这是一个唐朝时期的戍堡，是为了警戒沿若羌河从阿尔金山南高原下来的入侵者而设立的，具有明显的烽燧报警性质。那天，魏东、吴勇、许冰等人上去考察，我因为以前上去考察过，就没再上，留在北侧平台上等他们。几个小时后，他们下山时，我用手机记录到了极有喜感的画面，在陡峻的下山路上，魏东战战兢兢、四肢并用，一点一点往下蹭，人高马大的身材在险峻的山路上成了劣势。这段经历在这本书中也记录了，看来魏东对此确实印象深刻。

五年综合科考结束，吉林大学科考团队通过他们对众多古墓的考察研究，为整个科考提供了重要的罗布泊古代人类学信息。我们首次知道小河人与楼兰人之间并没有传承关系，首次发现楼兰人群内部的差异性远大于共性，这些重要发现从人类学角度为我们提供了理解罗布泊地区在古代东西方交流、族群融合过程中所起的作用和所处地位的关键信息。

五年罗布泊无人区综合科考结束了，这段经

历给所有参与这项综合科考的队员留下的不仅有大量的材料、照片和数据，还有难忘的经历，以及对人生的体悟和对自然的敬畏，把这些珍贵的感想、认识和体悟与更多的人分享正是魏东这本小书的目的，我觉得这个目的达到了。

五年的综合科考虽然成果丰硕，破解了罗布泊的很多未解之谜，但也留下了更多的谜团，期待着后来之人再次进入，用更先进的思维和方法，从更广博的角度，为我们扫清笼罩在罗布泊过去历史上的“雾霾”，更为我们照亮“21 世纪丝绸之路”的方向。

以此为本书序。

自序

我对这个世界的直观认识，有一多半是从乡野获得的，只有非常少的一部分来自城市。我不喜欢来自城市的那部分，因为感觉多数雷同且无趣。虽然城市里也不乏有趣的灵魂，但他们大多躲避在钢筋水泥的建筑物里，沟通起来总是小心翼翼，用反复试探来保证彼此的安全。

古代也有城市和乡野，我常常会好奇当时的人们以怎样的方式生活。这并不单纯来自职业习惯，更源于好奇心的驱使，就好像我会好奇地球另一端的人们在怎样生活一样。这样的好奇心，仅仅通过想象无法得到满足，需要到古代人生活的现场去。当然，这样的现场通常深埋于地下，要向下挖才看得到。

于是在过去的二十年里，我去过平原和峡谷，也到过戈壁和草原。和我的同事与朋友们一起，看到过很多古代人生活的现场，那些我们称为遗址或墓地的地方。这些现场，是古人生前或死后的居所，它们在空间上与我们并存；时间上，虽然看起来只是一个碳十四数据的距离，却是一眼千年。

这一次，我去了荒原。荒原与我曾经去过的别处都不同。

人定胜天是我小时候经常听到的一句话，我曾对此深信不疑。但身处荒原之中，更直观的体会却是人类的渺小。万事万物都有规律和本源，老子称其为“大”，也称其为“一”。只有首先了解和遵循自然的规律，人类才能最大限度地按照自己的意愿去生活。

荒原里的生活很简单，所以也少了很多烦恼，多了一些感悟。封闭环境里的团队工作是一种特殊的体验：暂时剥离了社会关系的束缚，仅凭自制与自律，人与人之间的相处更容易变得直接且单纯。这样的经历，使我对亚当·斯密在《道德情操论》（*The Theory of Moral Sentiments*）中提出的，自制和自律会给自己和他人带来幸福感，有了更深的体会。

记忆会随着时间的流逝而散落。时过境迁，当我想去重组它们的时候，发现很多部分已经看不清楚了，即使是一些当时我曾经用文字记录下来的过程和心境，再看一遍，都好像在看另一个故事。好在总有一些记忆会清晰地保留下来，就好像散落在沙中的珠串一样，能被再次发现的，都是最坚固和耀眼的部分。

在我的背包里，除了工具和少量的日用品，一直装着北岛先生的诗集。其中的一些句子很符合当时的场景和心境，于是在工作之余做了摘抄。这是在大学毕业之后很久都没有做过的事。这个年代可能并不需要诗人了，但对这些感觉的记录于我而言依然很重要。在这本小书里，我用了其中一些句子的碎片作为章节的引领。

去更多的地方行走，是我小时候的理想。很庆幸的是，这么多年过去了，我的理想没有变，我还依然想实现它。

这本书献给在荒原里的伙伴们，也献给脚下的泥土和眼前的微光。

跋一

／

跋二

／

壹

/

我和这个世界不熟

——做好准备，我们出发

2014 年到 2018 年，作为“罗布泊地区自然与文化遗产综合科学考察”（以下简称综合科考）项目的参与者，我先后五次进入罗布泊地区。每年的秋天，我都要在这片曾被称为“死亡之海”的荒原中工作和生活一段时间。

罗布泊地区，位于塔里木盆地东端，属暖温带大陆性极端干旱气候。这里记录了百万年来西北干旱区的气候变迁史，也孕育过“小河文化”和“楼兰古国”等古代文明。张骞凿空西域之后，作为丝绸之路上重要的交通枢纽地带，这里成了东西方文明交汇的一个重要节点。后来的环境变化，使这一地区不再适合人类居住，罗布泊逐渐变成了一片荒原。虽然比不得世界“干极”阿塔卡马沙漠，在极少降水量和巨大蒸发量的双重作用下，罗布泊地区也以极度干旱闻名于世。

这是我第一次参加多学科的综合科考工作，也是第一次到所谓的“无人区”工作。现在想来，在工作开始之前，紧张的情绪远远大于听到能够参加这项工作的喜悦。喜悦是因为，去看看那些尘封在荒原中的古城和古代墓葬，是几乎每个考古人的梦想，加之与其他学科的学者们同行，以不同的视角和理念去面对和解决问题，一定会拓宽我的视野，这将是一次难得的学习经历。紧张的情绪直接来自罗布泊这个名字，因为它是神秘的、荒凉的，而且总是与冒险甚至死亡相伴。对于毫无荒原工作经验的我来说，这一切都是挑战。

人类对生存环境的适应能力是惊人的。低温、酷热、空气稀薄和土地贫瘠，都没有使人类放弃在这些相对极端地区生存的权利。在极端的条件下，人们往往也能找出与环境相适应的生活策略。做这样的选择，也许是因为易地而处的成本要高于对新环境的适应。在这个前提下，“无人区”就意味着，这个地区已经不能满足人类长期生存的最基本条件了。

罗布泊、羌塘、可可西里和阿尔金山，是我国最著名的四个“无人区”。这些“无人区”的形成原因各异，自然环境都同样极端。科学家们带着各种各样的问题，不断探索着这些地区的科学之谜。在好奇心和征服欲的驱使下，不同领域的探险者们，也试图在这些极端生存环境中验证自己的勇气和运气。

从知识层面来讲，我对罗布泊这片荒原几乎一无所知。好在在互联网时代，经验传递变得相对简单，在网络上，可以找到很多记述在这些地区活动的文字和图片。这些记录者的身份多数是旅行者，所以对自然风光着墨颇多，图片也多是黄沙落日，读起来似乎帮助不大。所以在行前的准备阶段，我还是临时抱佛脚地找了一些经典的纸质书来读，希望能得到一些实用和适用的知识。

夏训诚先生的《中国罗布泊》[1]，综合了自然

1　夏训诚主编《中国罗布泊》，科学出版社，2007。

科学和社会科学领域对罗布泊研究的阶段性成果，是目前研究罗布泊地区最具有代表性的科学著作之一。我对罗布泊的基础认识，多数来自这本书和其他几部中国学者关于罗布泊自然地理方面的著作。而那些相对直观的认识，却来自国外探险家们的书。比如斯坦因的《西域考古记》[1]，斯文·赫定的《亚洲腹地旅行记：最有名的探险》[2]、《我的探险生涯》[3]等。这些著作的蓝本多数是探险家本人的工作日志或手记，其中对旅程的记录往往事无巨细：出发时的准备、行程中的安排、发生的意外、遇险和脱困的心情、收获或遗憾，都被记述在其中。有的记录者还附上了现场手绘的场景、人物和或繁或简的地图与示意图。驼队、驼铃、黄沙、沙暴和古城、古墓，在这些记录中看起来那么生动立体，令人神往。

在此之前，我在新疆地区也做过一些工作。

1 斯坦因：《西域考古记》，向达译，商务印书馆，2013。

2 斯文·赫定：《亚洲腹地旅行记：最有名的探险》，大陆桥翻译社译，远方出版社，2003。

3 斯文·赫定：《我的探险生涯》，李宛蓉译，人民文学出版社，2016。

但工作的区域主要在新疆的北部和东部，对南疆的情况了解并不多。只是知道在罗布泊有著名的小河墓地和楼兰古城。十几年前，曾经错过了参加小河墓地发掘工作的机会，一直颇为遗憾，成了一块心病。没想到兜兜转转，还是要到那片荒原去，我觉得似乎这也是冥冥之中的安排。

在后文对考察经历的记述中，我忽略了具体的考察日期和时间。因为科考与探险不同，行程、目标都早有预期。每年的科考都是整体计划的一部分，也是上一年工作的延续。不在荒原的那些时间，我更愿意把它们当成充满期待的休整期。

考古人的从业经历，往往是以所做的某项具体工作来划分的，或是一个区域的调查，或是一个遗址发掘。一个阶段的工作往往要持续很长时间。那些有价值的理念的产生，往往不是靠灵光一现，而是经年累月地就某些具体问题不断实践和思考的结果。这样看来，能够参与这样具有连续性的工作，实在是一种幸运。更为幸运的是，在考察过程中，我深深体会到了团队的力量。

团队

和团队同事们的第一次见面，是在2014年春天的北京。其中有老朋友，但更多的是新朋友。团队中有在不同的科学领域建树颇丰的前辈，也有刚刚入门不久的小学徒。现在之所以能将大家称为朋友，是因为经过数年科考生活的朝夕相处，大家同甘共苦，已经有了亦师亦友的情谊。尽管每年的科考团队在成员组成上都略有不同，但团队的主干一直没有变化。每年初秋，大家分别整理完上年的科考成果，就又开始组队准备出发。集结之后，老朋友的重聚和新朋友的加入，都令人欣喜。

考古工作，尤其是田野考古发掘工作，本就需要团队协作，所以我对团队这个概念并不陌生。但毕竟是第一次参加这样大型的综合科考，起初我也颇为忐忑。综合科考团队中的成员，主要来自中国科学院地质与地球物理研究所、中国科学院遥感与数字地球研究所、中国科学院新疆生态与地理研究所和新疆文物考古研究所。对于地质、遥感、生态领域的知识，我所知甚少。所谓术业有专攻，在这次综合科考中体现得尤其明显。

参加 2017 年考察的部分队员

左起：崔有生、李文、李康康、宋昊泽、魏东、秦小光、贾红娟、田小红、穆桂金、许冰、邵会秋、吴勇（摄影：任辉）。

团队里的老朋友，都来自新疆文物考古研究所，他们代表着新疆考古工作的中坚力量，之前我已经有过很多次向他们学习和合作研究的经历。吉林大学参加综合科考的另外两名队员：邵会秋在欧亚考古领域颇有专长，王春雪的主要研究方向是旧石器时代考古和动物考古。我的专业方向是体质人类学，主要研究过去和现在人类的生物进化与变异情况。

我的本科专业是考古学。那时候这个专业还没有像现在这样广为人知，文物事业也没有像现在这样受到关注。在接触了更多的专业领域之后，我感觉与考古专业在工作方式上最接近的就是地质专业了，尤其是在野外工作的时候。我们常用的发掘工具是手铲，地质工作的常用工具是地质锤。表面上看起来，我们的工作内容都是挖，都是采集样品，都要风餐露宿；在必要的时候，我们也都会打孔来看看地层和剖面的情况，只不过我们的洛阳铲，远不能达到地质工作采集剖面的要求。在大学里的男女学生比例，这两个专业都是男生占绝对的优势。考古学常用的地层学方法，也是从地质学借鉴而来。这一次，手铲和地质锤，终于联合在一起开展工作了。

这次综合科考的主题是——罗布泊地区自然与文化遗产综合科学考察。自然与文化遗产，是个非常宏大的主题，几乎包括这一地区方方面面的信息。不过既然是以考察工作为主，新发现就是解开一些谜团的第一把钥匙。无论是自然还是文化，都很难用有限的发现来展开更有效的讨论。通过考察过程中的不断磨合，团队渐渐确立了用人地关系来探讨人类在生态环境中的生存策略这一实施性强的目标。在这一过程中，我耳濡目染学到了很多新的知识。比如卫星和雷达在不同工作目标中各自的适用性、雅丹的分类和形成、如何判断湖区的形成过程，等等。虽然都只是一些最基本的了解，有些还是听同事们探讨学术问题时偷师学来的名词概念，但也算对这些于我而言全新的知识和方法，以及能解决什么样的问题有了认识。最重要的收获，是认识到在面对问题的时候，应该采用科学的方法和理性的思考方式，摆脱经验直觉的束缚，用逻辑思维代替单向思维。

在逐渐了解了队友的学术专长和任务分工之后，我发现在人员的组成上，这次综合科考非常接近博尔德（F. Bordes）曾经提出的“更新世学”的概念，体现了考古学、第四纪地质学、古人类学和古生物学高度综合的特点。博尔德强调，没有哪一门学科是“辅助性的”……所有学科都是相互辅助的。三个主要学科的专家，即考古学、地质学和人类学，同时通过训练能相互熟悉其他学科的问题，并且习惯进行长期协作，这是一个研究的整体。在其后数年的考察过程中，我切身体会到了这种“相互辅助”对全面阐明问题的重要性。

将科技手段应用于考古学研究，已经成为考古学发展的一个趋势。就我自身而言，之前对这些科技手段的原理和适用的范围并没有做全面深入的了解，更多的时候，只是直接引用了研究的结论与推论。对这些不同视角下结论的整合，结果往往是拼图式和点缀式的，并不能做到融会贯通。这样生搬硬套融合的理念，既不是多学科的，也不是跨学科的。我们可以明确一个遗迹的年代，也可以确定它的形式，可以复原它产生时的古环境，但如果不把这些信息综合来看，找到特定环境下的时间段内产生这种遗迹的原因，那么工作就还仅仅停留在信息采集的阶段，而不能将其称为一个具有完整性的研究。

我很庆幸在这次综合科考过程中，能够与相关学科的专家学者朝夕相处，通过有目的的沟通，解决一些面对具体现象时产生的困惑。这样的团队构建模式，为我今后的工作指明了努力的方向。

我是个很容易焦虑的人，尤其是在一段未知的旅途开始之前。为了缓解这种情绪，我不得不开始看那些关于如何在沙漠中获取少量的饮用水，如何在迷失的时候利用太阳、月亮和星星判别方向，如何用自然界的标志物向外界传递求救信号等野外求生教程。一边学习，一边真心希望这些技能不会被用上。团队里很多前辈都有非常丰富的沙漠工作经验。他们让我别紧张，这项工作并没有我想的那么危险。这样的安慰让我更紧张了。其实我知道，这并不是一次传统意义上的探险，也开始越来越期待接下来要发生的事。

集结出发的日期将近，精神层面的问题只能交给时间去解决了。物质层面的准备，也颇费了些脑筋。

装备

为了顺利完成这次综合科考任务，在这样的特殊环境下更好地完成工作，也为了继续稳定情绪，我准备了参加田野工作以来最为正式的一套野外装备。

田野工作也是考古人的日常，所以每个人对装备也有一些或多或少的了解。但考古发掘工作毕竟多数还是在田间地头，虽然有些也远离城市，但总是有交通工具可达，有通信工具可用，缺乏的不过是生活的舒适度而已。在这样的前提下，对装备情况往往都会在一个松散的范围内考虑。

对我而言，一些虽然没有破损，但在城市中再也不愿意上身的衣物，往往是工作服的首选。这样做有两个好处：首先是在野外工作很难做到时时卫生整洁，又难免剐剐蹭蹭，这样的衣物即使污损了也不会太可惜。懒人工装不用经常换洗，也是一大优势。其次是在发掘结束以后，这些衣物可以就地处置，返程能够轻装简行。对鞋子的选择我也遵循了这样的原则，尤其是在平原地带发掘时。因为工作往往要经历整个夏天，所以我会选择透气性非常好的布鞋。防晒工作全靠草帽，加上一条挂在脖子上的长毛巾，基本配备就算完成了。唯一能够体现专业性的，可能是偶尔穿的多口袋工作马甲，在前胸或者后背写着考古队的名字，算是不那么正式的身份认证。

在多数田野发掘现场，功能性的冲锋衣和能登山、涉水、徒步的鞋子，并没有发挥它们最大的作用。但这一次的情况有所不同。一旦进入荒原腹地，装备就变成了生活的必需品和顺利完成工作的保障。

首先是衣物。荒原中昼夜温差非常大，往往中午是三十度以上的酷热，入夜就骤降到了零度以下。长时间行走在烈日下，裸露的皮肤可能会因为紫外线太强而产生过敏反应，所以外套要兼具保暖、隔热和透气性，最好可以拆卸成不同厚度的多层，方便随时增减。颜色要明亮耀眼，以便在分散行动之后容易被周围的队友发现。出于这样的考虑，在这次综合科考团队里，所有成员的队服都是鲜亮的红色。在土黄色的荒原里，我们变成了一个个的红点。

围巾和遮阳帽是必需品，主要是为了防晒。

我考察时的着装

温度最高的中午，我也会包得严严实实的。其实这样反而会觉得凉快些，因为衣物能阻隔高温，这跟小时候用棉被包着卖的冰棍儿是一个道理。只是因为没有刻意防晒，几天后，我身体暴露在外的部分都被晒成了黑里透红的颜色。

另外，长时间在日光直射、颜色单一的环境中工作，墨镜是对眼睛最好的保护。为了抵御风沙，还要准备能够与面部紧密贴合的防风镜。鞋子的选择更为重要，要兼顾防护性和舒适性。因为涉沙，所以鞋子要是高帮的，不然鞋里很快就会灌满沙子。鞋底要具有一定的厚度和硬度，防止被红柳等带有尖刺的植物刺穿，同时便于在荒原中行走。透气性是舒适性的前提，不然在高温下行走数小时就是一种折磨。裤子的选择要以宽松、便于活动为好。背包自重要轻，而且最好有隔热透气的背板。

其次是帐篷。帐篷是野外的固定居所。这是我第二次长时间在帐篷里露营。上一次是在俄罗斯的森林中发掘的一个月。我的经验是：那些体

荒原里的工作背包

每天出发时背包里装的是食物，归来时装的是标本和样品。我的背包上还插了两把考古发掘用的手铲。荒原中的土壤因为一般都没有板结，所以挖起来要容易一些。有时候我也会用冰镐，但那种工具很难控制力道，做不了细活儿。

积小、构件稳固、带有防护层设计的帐篷，有更强的抗恶劣环境的能力。在森林里工作时，因为没有经验，选了一顶“三室一厅”的度假帐篷。起初住起来，感觉宽敞明亮又透气，算是“豪宅”一座。但一场暴风雨过后，帐篷就完全被摧毁了，修复以后也变成了“危房”，只好将就到了发掘结束。所以，经验和教训，往往指的是同一件事。

黑格尔说过：“人类不会从历史中得到教训，只会不停地重复历史。”因为上次摧毁帐篷的原因是暴风雨，我觉得在荒原中不会出现这样的天气，所以又选了一顶体积很大的球形帐篷。一场沙暴过后，这顶帐篷就成了消耗品。在第一次考察之后，全队成员都换上了单人的四季帐篷。所谓四季帐篷，并不是简单地在普通帐篷外加一层雪裙，它最主要的作用应该是保暖和防风。所以在支撑结构上非常牢固，也有更多的支点。我们更换了帐钉，在搭建的时候，也有意去选择那些更坚硬的盐碱壳。在雪裙上，再压上大土块。即使如此，沙暴来临的时候，我们还是会把帐篷原地拆开铺平。在荒原沙暴肆虐的时候，再坚固的帐篷也不敢硬扛。

帐篷的拉链是一个要单独提出的问题。考察后期，很多帐篷的拉链因为进了太多的沙尘已经拉不上了，透风的帐篷夜里和冰窖差不多。所以，在使用过程中，保证拉链的清洁十分必要。我的帐篷也出现了这样的问题，多亏了经验丰富的穆老师带来的一块香皂。睡前用香皂涂一涂帐篷拉链，变成了很多队员的日常。在沙尘环境里，所有的拉链都会出现这样的问题。所以在考察后期，我把行李箱也换成了没有拉链的款式。

寝具一项，在野外我们往往会使用睡袋和充气床垫。常见的睡袋有“信封式”和“木乃伊式”两种。顾名思义，“信封式”的合起来是长方形的，“木乃伊式”的拉起来是桶状的。第一次进荒原我背了“木乃伊式”的羽绒睡袋，但由于个人习惯问题，总觉得裹在这样的睡袋里呼吸困难。在之后的考察中，我带了棉被和褥子。

再次，各种设备和工具。因为要为仪器和设备充电，也需要用电脑处理数据，所以在野外考察需要电力。我们带了发电机。在考察的后半段，试用过一种小型的太阳能充电板。因为受天气影响很大，用充电板充电的效率似乎并不高。野外

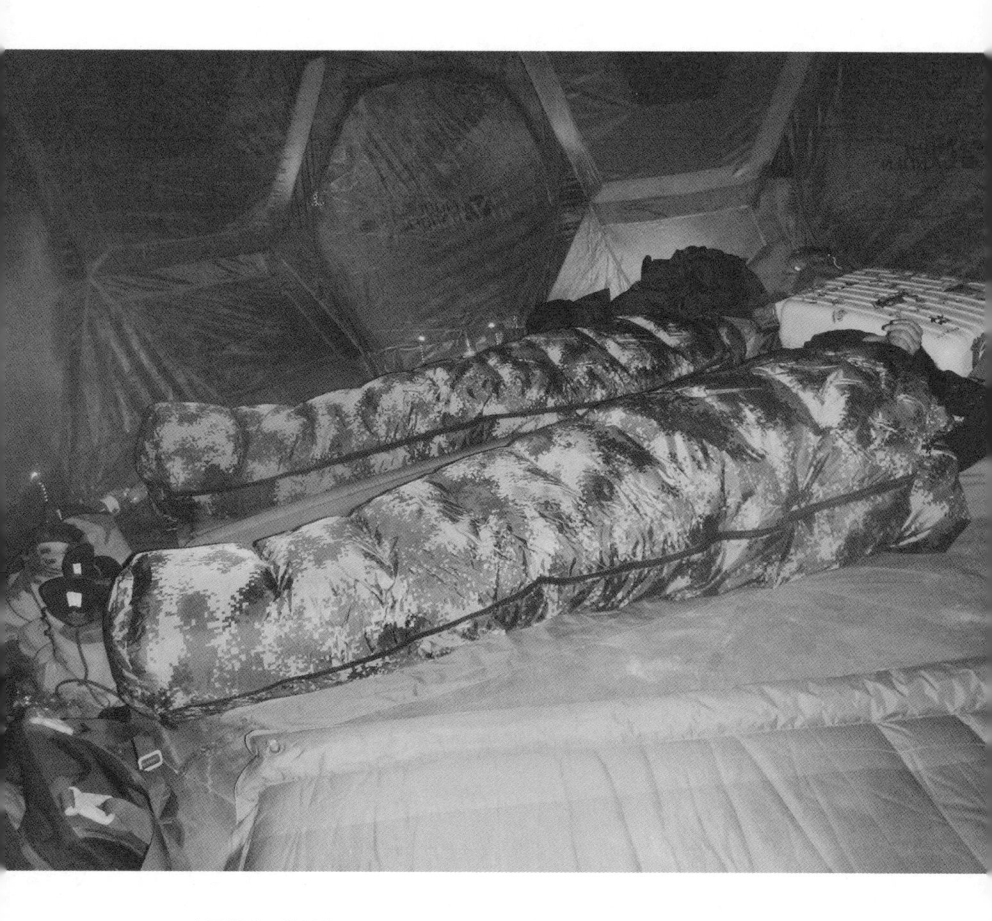

"木乃伊式"的睡袋

这种睡袋裹在身上真的很像木乃伊。虽然很保暖，但身体不能随意翻动，必须睡成"一根棍"的样子。试了几次之后，我们都把这种睡袋拉开，当成被子盖了。

照明使用头灯，在帐篷内使用营灯。这些灯具，以干电池为能源的是首选。另外，要准备可靠的火种。

荒原中到处都是微尘和细沙。对于电子设备，沙尘造成的损毁是不可逆的。很多设备一旦进了沙，就成了废品。在电子设备的选择方面，防尘是首先要考虑的因素。但做到了防尘的设备，在其他的参数上往往就不那么高，比如相机的像素和可控性。在长时间野外使用的前提下，这个问题还没有更好的办法来解决。所以各种型号的密封袋，也成了荒原中的必需品。这本书中的大部分照片，来自一台防水相机，在各种恶劣的天气情况下，它都能正常工作。在沙暴来临的时候，我也会拿着它到处去拍。

绳子和刀，是野外生存的必需品。在人类开始有意识地征服和改造自然的时候，它们是最原始的两种工具。只是在当代社会，能够熟练地将二者作为工具使用的人越来越少了。

通信设备方面，远距离时对讲机是必需品。卫星电话是与外界联系的唯一工具。另外，因为考察中需要精准定位经纬度，需要一部手持 GPS

定位器。

其余的装备，可以根据个人喜好来配备。比如有的队友带了登山杖，是为了更好地在荒原中行走。往往设计越简单的装备，在野外越不容易出问题。

最后，在野外工作最重要的“装备”，还是参与者本身强壮健康、适应性强的身体。这可以减少很多对物质装备的依赖。在考察途中，全队成员都保持了对荒原环境和高强度活动的适应性，没有人因为身体原因临时退出。我们曾经猜测，很少有人生病，是不是因为在“无人区”，病毒本就缺少传播的途径。当然，这更像在特殊环境下的一句玩笑。在野外工作，一定要准备足够的常用药以备不时之需。在一次考察中，我曾经因为胃肠出了问题吃光了带进来的所有对症药品，导致病情向另一个极端发展。在寒潮来临的时候，我们也准备过暖贴，在临睡前把自己贴得像个橡皮人。

在 20 世纪国外探险家的游记里，详细记录过他们出行的装备：食物、水和各种器材，等等。他们都有规模庞大的驼队和数量众多的当地向导，即使如此，也都难免有过遇险的经历。与他们相比，我们的旅程就显得轻松了很多。

做好了准备，我们就出发！

启程

若羌是每次综合科考团队集结的地点。收到集结的召唤，大家都要在规定时间内去那里集合。

吉林大学科考团队距离集结点最远，要走四千多公里。飞抵乌鲁木齐之后，要转一次飞机到库尔勒，然后继续搭乘汽车。公路上虽然车并不多，但有的路段限速四十公里。据说这是因为在单调的景色之下，疲劳驾驶和高速行驶都很容易造成交通事故。这样，每次到若羌去，至少要在路上奔波两天的时间。

“库尔勒”是音译，据说本来是“眺望”的意思。在库尔勒中转的时候，我会去看看孔雀河，这是一条本应流向罗布泊的河流。当地的朋友告诉我，这条河早年叫“皮匠河”，因为河两岸有很多皮匠居住，经常在河中清洗羊皮。后来才根据音译改成了“孔雀河”。

第二天，天不亮就要出发了。汽车行驶出库尔勒市区，现代建筑的间隔就会越来越大，有时很长时间都看不到一栋。路旁的景色开始越来越荒凉，满是砂砾、固沙带和偶然出现的红柳沙包。公路、电线杆、信号塔、加油站和偶尔经过的村落，是提醒我们这还是现代社会的标志。为了防止荒漠的继续扩张，公路旁每年都会多出一些固沙带和新种的耐旱植物。刚出城市，看到这样的景色还会觉得很新奇，等开出几小时后，景色也没什么变化，就开始昏昏欲睡起来。

这条公路其实非常有名，是被称为“最美国道”的 218 国道的一部分。218 国道，起点为新疆伊宁，终点就是我们的目的地若羌，全程约 1120 公里。从库尔勒开始的最后一段，是被称为穿越“死亡之海”的沙漠公路。其中在尉犁到若羌的 K931-K1033 路段，还保留有 5 公里的砖砌公路。这段砖砌公路最初全长 102 公里，建于 1966 年，共用砖 6200 万块。虽然现在已经不再使用，成了公路旁的一处观光点，仍被称为“世界上最长的砖砌公路”。每次路过这段路，我们都会停下来歇一歇脚，在红砖上走一走。

世界上最长的砖砌公路

这条公路也是新疆 2007 年 6 月公布的第六批自治区级文物保护单位中“近现代重要史迹及代表性建筑”之一。路面并不宽，车辆只能单向通行。保留下来的这一部分磨损还不算严重。有一次走在上面的时候，耳机里恰好传出了这样的歌声——“是我们改变了世界，还是世界改变了我和你”。

在塔里木河的岸边，有数百公里长的八十万亩生态胡杨林。这里的胡杨林排列并不整齐，树龄也有很大差距。在大多数年份，去程的时候，胡杨的叶子还是绿色的，返程时就会变得金黄耀眼。之前曾经在内蒙古额济纳看见过胡杨，觉得好看。和额济纳的比起来，这里的胡杨显得更年轻，也更倔强。

国道的尽头，就是若羌。若羌是新疆巴音郭楞蒙古自治州（以下简称巴州）的辖县。地处巴州东南部，塔克拉玛干沙漠东南缘。西接且末县，北邻尉犁县及鄯善县和哈密市，东与甘肃、青海交界，南与西藏接壤，行政面积为 20.23 万平方公里，是全国辖区总面积最大的县。虽然总面积很大，但其中一大部分是荒漠区，所以人口并不多。听从前来这里工作的前辈讲，20 世纪七八十年代的若羌县城，还只有一条街道、一个招待所和几盏路灯。现在的若羌县城，已经有了很大的发展，很有现代城市的模样。

在若羌停留期间，我们最常去的地方是博物馆。一些考察用的备品寄存在这里，考察中采集的标本，也会在这里暂存。

塔里木河岸边的胡杨

左起：邵会秋、王春雪、魏东

2014 年 10 月中旬，因为出发比较晚，塔里木河岸边的胡杨叶子已经是金黄色的了。一路上的景色都很美好。

遗骸

若羌的博物馆并没有被命名为若羌县博物馆，而是叫作楼兰博物馆。楼兰文化，是这座小城最响亮的一张名片。博物馆的外部装饰很有特点。正门左侧的浮雕，2018 年之前是一幅巨大的“楼兰美女”头像，后来替换成了“小河公主”的全身像。右侧是几尊佛像，大概是代表着楼兰时期

2014 年楼兰博物馆门前的浮雕

创作者强调了女子高鼻深目的特点，简单直接地勾勒出西域风情。头饰和发型可能是创作者想象的楼兰女子的样式。

2018 年楼兰博物馆门前的浮雕

从毡帽、毡靴和草编篓的形制可以看出，这应该是个小河时期的女子。但目前还没有小河时期日常服饰的参考资料，所以不知道那个时期的常服是不是这个样子的。

古代居民的信仰。

楼兰博物馆的展品是罗布泊地区古代文化的缩影，我在这里获取了对考察区内遗物和遗迹最直观的印象。随着考察过程的深入，每次来参观我都会有新的收获。

展品中最震撼我的，是楼兰地区出土的干尸遗骸标本。

新疆出土过非常多的自然干尸遗骸。和著名的埃及木乃伊不同，新疆的干尸并没有经过人工的防腐处理。通常情况下，死亡后的人体软组织在溶解酶的作用下会逐渐分解，同时伴有腐败过程。所以我们发现的古代人类遗骸绝大多数只保留了骨骼和牙齿等无机物。埃及的木乃伊采用了人工脱水和填充防腐剂的方式来抑制腐败菌的滋生，所以被称为“人工干尸”。新疆干尸的形成原因却是与其埋葬的环境相关。在干燥的环境中，尸体内的水分会迅速蒸发。同时，葬具和埋葬方式等因素也抑制了细菌的繁殖，终止了尸体的腐败过程。新疆出土的古代干尸，不仅数量多，保存程度也非常好。他们在被发现时，往往还保持着下葬时的状态，栩栩如生。其中最著名的两具，分别被称为“小河公主”和“楼兰美女”。

因为工作关系，我曾近距离观察过“小河公主”。那是一具出土于罗布泊小河墓地的女性遗骸。其面部轮廓清晰，遗容安详，长且弯曲的睫毛清晰可见，随葬的服饰都保存完好，所以被作为小河墓地出土遗骸的代表。参与过小河墓地发掘的同事们，分别向我描述过打开棺木那一刻大家激动的心情。“小河公主”这个称呼，也来自发掘现场一位发掘者初见她时脱口而出的一句赞叹。

“楼兰美女”曾经在新疆维吾尔自治区博物馆展出，是指20世纪80年代出土于孔雀河古墓沟墓地的一具四十岁左右的女性遗骸。和“小河公主”相比，“楼兰美女”身材更为高挑，也更瘦弱，可能更符合现代“以瘦为美”的审美标准。

初次进馆的时候，工作人员很骄傲地向我们介绍说，馆藏干尸有一具保存得特别好，出土地也离楼兰古城更近，他们认为那才是真正的“楼兰美女”。看到这具标本后，我很认同他说的话。

这是一名仰卧的青年女性。如果这就是她下葬时的状态，这种葬式通常被称为“仰身直肢”。与以上提到的那两具遗骸相比，她的面部轮廓更为饱

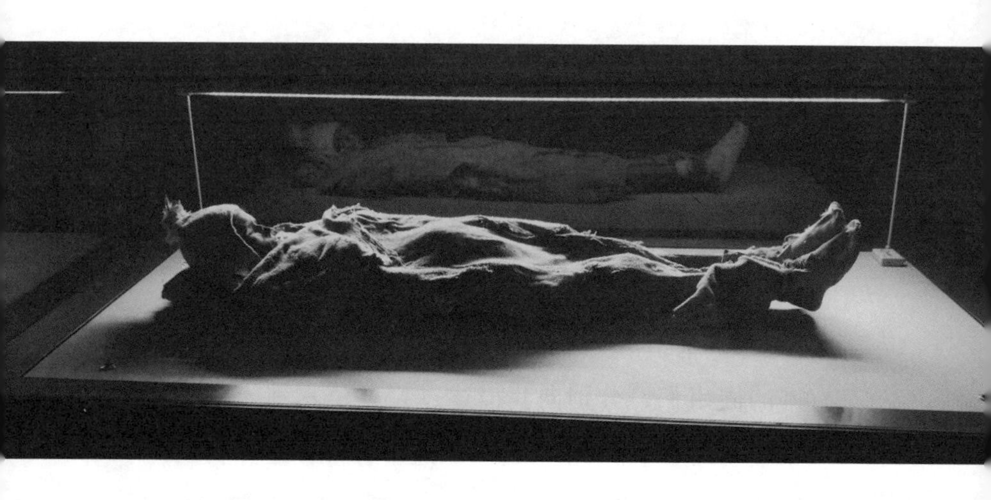

楼兰博物馆认为的“楼兰美女”

从任何角度看过去，她都那么安详。毡帽上的装饰物是某种猛禽羽毛。这种规整的姿势，应该是在下葬的时候被刻意摆放的。对比以往出土的材料，逝者穿的衣服应为斗篷，是一种专用于丧葬的服饰，并不是日常的服装。

满圆润，颧骨和鼻子也并不那么突出立体，看起来更接近现代的东方人群。她的睫毛同样清晰可见，头发梳理得整整齐齐，发髻盘在脑后。面容安详，看不到一丝痛苦的表情。双手自然垂在身前，两足并拢。无论从哪个角度看，她都像在沉睡。每次凝视她的时候，我都会忘记这是一具遗骸。

她的服饰是素简的麻衣和毡帽。从这样的下葬习俗来看，这与楼兰时期已知的丧葬服饰并不一致，倒是与“小河墓地”的居民很接近。所以，她可能和“小河公主”一样，也是罗布泊地区青铜时代居民中的一员。

展厅里还有其他几具干尸标本陈列。可能是因为埋藏条件不佳，口唇部多呈开裂的状态，可以看到牙齿，看起来显得有些“痛苦”，并不如“楼兰美女”那般安详。一具男性遗骸的随葬品很有意思，是我之前没有见过的。那是一束用线绳捆扎好的头发，就摆在死者的胸口。我知道有些

摆在遗骸胸口的头发

仔细观察这束头发，可以发现它可能是在捆绑好的状态下直接割取的，近端的断面非常齐整。发辫的颜色和逝者头发的颜色明显不同。由于小河时期的男性，也有长发及腰的发型，所以仅凭现有证据并不能判定这束头发一定属于女性。另外，这束头发原来的摆放位置也已不可考证。

古代人群存在割肢随葬或者割指随葬的习俗[1]，其用意可能是用身体的一部分来代替本人，为逝者陪葬。这束深棕色的头发大概有四十厘米长，根部明显进行过精心的捆扎。整个发束呈现天然的曲度。风趣的解说员先生说："这背后可能是个凄美的爱情故事：少女用长发去陪葬逝去的爱人。"大家都笑了。在考古发现的背后，的确存在着很多种可能性。

在对考古发现的研究中，我们很容易面对古代遗物有各种各样的猜测。这些猜测，往往只是我们自身经历、阅历和知识储备的影子。它们可能永远只能停留在逻辑合理的状态，尤其是那些找不到任何文献资料来做旁证的史前时期。这样的一束头发，到底是什么原因和逝者埋葬在一起，可能永远只能是个谜。

干尸最大的科研价值，是保留了古代人类在被埋葬时的初始状态。在病理学方面，通过鉴定诊断和病理测试，可以对逝者的死亡原因进行更

1　黄展岳：《古代人牲人殉通论》，文物出版社，2004，第 7 页。

接近事实的推理。对一些在丧葬习俗中体现的社会文化层面的现象，也可以保留最直接的证据。这些信息，在已经骨化的个体身上，可能是完全缺失的。比如，在新疆地区很多的干尸体表发现过人体彩绘，这为了解当时人群对逝者的处理和对身后世界的态度提供了最直接的证据。除此之外，在干尸得以保存的环境中，织物和其他的有机物，往往也能够得到相对完整的保留。比如服饰的制法和穿戴方式、随葬品的种类和数量等。

以楼兰博物馆的这几具馆藏干尸为例，男性干尸标本的发式都是额部平齐，其余部分非常长。这和现代的“齐刘海”型长发非常类似。男性干尸标本一般有浓密的胡须，并且明显经过精致的修剪。从这个现象可以推测，当时的人们可能拥有类似现代剪刀之类的用于修剪毛发的工具。

我曾经在其他的干尸标本上观察到手指甲和脚指甲被精心修剪打磨过的迹象，加之梳理过的头发和穿戴整齐的衣服，这些信息都指向当时的人们在下葬之前，可能曾经对遗体进行过专门的处理。如果一个人群的埋葬方式存在制度化和一定的规模，那就不能排除，在人群中已经存在从事有关丧葬事务的个体，也就是入殓师。

展厅里也有几具婴儿的遗骸。在医疗水平不发达的古代，可能现代很普通的一些疾病都会是导致婴幼儿死亡的原因。他们往往都带着小毡帽，躺在襁褓里。我并没有仔细观察他们，因为有些不忍心看。

干尸的形成需要非常干燥的环境，从这些馆藏干尸的保存情况来看，青铜时代的罗布泊地区，至少是墓葬的所在区域，自然环境可能已经非常干旱了。

楼兰博物馆在2018年更换了展陈布局，在主展厅里用原貌重现的方式展示了一些重要的发现，并把小河墓地出土的船形的独木棺悬垂在了展厅的正上方。这个设计模式很像大都会博物馆非洲馆里展示的彩绘独木舟，视觉效果非常震撼。

队员们陆续集结完毕之后，会有一次全体会议来布置和讨论本次考察的路线、分工和具体的细节。接下来，进入荒原前的最后一项工作，就是准备给养了。

悬垂在展厅上方的船形棺

除了展示墓室券顶等特殊的用途外，在博物馆中利用仰视空间的案例并不算多。这个创意可以让观众看到经常被忽视的船形棺的底面，那里切削加工的痕迹一目了然。

给养

进入荒原，就不可能有随时补给的条件。我们要一次性带够至少两周的水和食物。在这样炎热的天气里，如何保持它们不腐坏，是个非常大的难题。

为了保障肉类食品的供给，我们曾经准备过一个冰柜。后来在实践中证明了，这个冰柜的作用仅体现了后面那个字上。冰柜的运转需要电力，但因为汽油要保障考察车辆优先使用，所以在完成日常资料存储和设备充电之外，发电机并没有更多的电力供给冰柜。它在多数的时间里，并不能很好地制冷。不过至少，在沙暴袭来的时候，放在里面的食物没有掺进沙子。

罗布泊的天气会让新鲜的肉类迅速腐败。直到考察结束，我们也没有找到好的办法来保鲜。曾经尝试过将肉埋藏在温度比较低的窖穴里，希望能够延缓变质的过程，但是最终还是失败了。所有的肉类食物，只能赶在腐败之前尽快吃完。于是在考察开始的前几日，队员们都过得像肉食动物，之后越来越寡淡，逐渐变为草食动物。

所以只能带更多不容易腐败的蔬菜和方便食品到荒原去。黄瓜、西红柿和辣椒，这类的蔬菜在荒漠里都会迅速脱水，变得不再水灵。白菜和被称为“皮牙子”的洋葱能坚持更久的时间。在自然条件下的“保鲜之王”，是土豆。

曾经有一次短期踏查，因为时间不长，也经常转点，没有固定的营地，所以带的食品全部都是自热米饭和方便面。至今提起这两样东西，队友们的表情还都非常“凝重”。从荒原归来，我也再没碰过这一类的方便食品。并不是它们不好吃，只是不能连续吃那么长的时间。

第一次进荒原的时候，我们还带了几只活鸡，希望采用养殖的方式让它们慢慢“完成使命”。它们在无人区保持了旺盛的生命力。在沙暴袭来的时候，我们不得已撤离了营地，并没有带上它们。几天之后，当我们返回营地、感慨大自然暴怒力量的时候，发现它们依然在营地里坚守，没有一只弃我们而去，以至于后来大家都有些舍不得吃掉这些共同经历过沙暴的“伙伴”。

新疆盛产美味的水果。库尔勒恰好是著名的“香梨”产区，有“梨城”的美誉。邻近的哈密也

带进荒原的活鸡

这就是后来经历过最大一场沙暴的鸡。本来以为用菜叶子可以把它们养胖一些，可以坚持到考察结束。没想到沙暴过后返回营地时，我们发现它们虽然还精神地躲在大帐篷的下面，但是都比进来的时候瘦了很多。

有最好的甜瓜。梨和甜瓜都很好存放，在考察期里经常能吃到。

科考过程中里最常见的主食，我们日常的“沙漠快餐”，是一种在新疆历史悠久的面食——馕。在敦煌文献中，有一种叫“胡饼”的面食，可能是现代的馕。它以面粉为主要原料，和面时有的加入盐，也有的加入糖。馕多数都是圆形，

最好的“沙漠快餐”——馕

这种薄馕刚刚烤制好的时候非常酥脆，我一餐可以吃整整一张。后来慢慢减到一餐吃半张，最后每顿只吃得下 1/8 左右的一小块。如果附近刚好有小鸟飞过，我还会分给小鸟吃一些。

中间薄，边缘厚，中央往往戳印有花纹。在中亚和南亚的很多地区，都可以看到类似的面食。馕的制作方法不复杂，形状规整，便于携带，另外还有久存不坏、易于饱腹的优势，所以非常适合作为野外的主食。

馕的尺寸差别很大。我在库车曾经吃过直径在 40 厘米左右的大馕，是当地的一种特产。考察过程中我还吃过一种小小的油馕，直径只有六七厘米，是用发面制作的，口感很像甜甜圈。

只有在馕坑里烤出来的面饼，才能被称为馕。刚刚从馕坑中取出来的时候，馕都松脆可口，很有嚼劲。从前来新疆出差，还会专门带一两只回去慢慢品味。但在荒原中，几乎每天都要和馕打交道，对它的热情渐渐冷却。尤其到了每次考察的后半段，馕因为存放时间过长，已经完全失去了水分，用它敲打硬物，会发出清脆的金属声响。吃这样的干馕，是对咀嚼肌巨大的考验。

真空包装的食品和鸡蛋，在荒原中也可以存放很久。考察地点一般离营地很远，中午我们不能赶回营地。所以，在简单的早餐过后，大家都会背着午餐出发。午餐最常见的菜单是：一只咸鸭蛋，1/4 的馕，一只梨子或者一根黄瓜，一根火腿肠。

食物储备还丰富的时候，如果带来的是比较干练的厨师，晚餐大家就可以吃到炖菜和炒菜。在荒原里我曾经吃到过大盘鸡和煮牛肉，甚至还吃过两次拉条子。可惜，那样的时候并不多。也许正是因为这样，那些味道才更难忘。能和考察队一起去荒原的厨师并不好找。在野外做饭虽然不需要什么特殊技巧，但如果没有帮手，一个人既要操办全队的伙食，还要保持厨房的卫生，不让队员们吃坏肚子，也是要求非常高的工作。有一次我们带的一个小伙子，因为环境太艰苦，总是想回家，所以也没有心思好好做饭。那一阵儿的伙食不是油太大，就是放多了盐，还剩了很多蔬菜没有做。有问题还是要解决的啊，于是大家一有时间就开始做这个小伙子的思想工作，所讲的也不过是要爱岗敬业、既来之则安之、舍小家顾大家之类的道理，也不知道他是不是能完全理解。

糖分可以迅速补充野外能量的不足，如果长期在野外活动，带一些巧克力是非常好的选择。甜的感觉可以驱赶走低落的情绪。但是在高温下，巧克力非常容易融化，变成各种奇怪的形状。所以我更喜欢带水果硬糖。

我一定会带几瓶白酒进荒原。在晚上的例会之后，有时会邀请几个“同好”，一起喝上一口。和“酒友”们的话题就显得更广泛一些，气氛也更活跃。司机师傅们大多习惯在晚上喝点酒驱寒。他们往往走南闯北，在路上遇到、听到过很多故事，这些故事就是最好的下酒菜。在那些疲惫寒冷、入睡困难的夜里，酒精的麻醉可以让我暂时忘记身体上的疲惫，尽早入睡。这样，漫长的黑夜也会显得短暂一些。

采买好的给养和队员们的行李，会被司机师傅们妥善地安置在各自的车辆上。检查了车辆，测试了对讲机之后，终于要向那片荒原进发了。

交通

之前曾看过很多关于沙漠的图片和影像资料。我印象里在沙漠中行进的场景，是长长的驼队，一字排开。骆驼都有驼工牵着，有的载人，有的搭载行李。旅人都卡在两个驼峰之间，随着骆驼的脚步左摇右摆地前行。有一次去敦煌学习的时候，在鸣沙山上有骑骆驼的项目，只是彼时天气太热，看着骆驼们疲惫的样子，我根本没有要骑着它们绕一圈的想法。

在很长的时间里，骆驼的确是“沙漠之舟”。但现在进入沙漠，骆驼已经不是主要的交通工具了。听说在那些更难进入的、车辆完全无法行驶的区域，依然还有驼队和驼工的存在。但这一次，我们的主要交通工具是四驱越野车。给养、帐篷等备品，装载在一种叫优尼莫克（UNIMOG）的奔驰越野卡车上。这种卡车的车身非常高，轮胎也

考察队的第一辆沙漠卡车

后来的几次考察，我们换用了另外的国产车型。在荒原中，这种卡车的速度最慢，也很难爬坡越坎。每次都是最后才到达宿营地。我曾经坐在卡车副驾驶的位置在雅丹区行驶过一段路。因为车体更高，所以对沿途的景色会有不一样的感受。只是那种颠簸感，更像在坐碰碰船。

非常厚重，能够很好地适应荒原中的各种地形。

进入沙漠的车辆，在地形适应方面有特殊的要求。普通的车辆不仅无法抵御随处可见的沙尘，也不能适应颠簸的石子、锋利的红柳根和随风流淌的细沙。一位做过沙漠救援的朋友告诉我，很多价格非常昂贵的车，由于开车的人不熟悉沙漠的情况，爆胎、爆缸和燃油耗尽的情况时常出现，只能靠他们千里驰骋去救援。

进到考察区，要经过三种路：柏油路、石子路和开出来的路。

石子路，就是小石子铺成的路。表面看起来很平坦，但车在上面跑，却如同开了震动模式的手机一样，一刻也不会停止抖动。这种路面上的石子，都非常不稳固，如果猛踩刹车，车很容易侧滑发生危险。好在在石子路上，进出的车辆并不多。一路颠簸下来，全身都麻酥酥的，好像说话都带着颤音。

石子路走完，荒原里就没有路了，也可以说到处都是路。这片沙化的土地，其实并不平坦。大大小小的河道和沟壑纵横，车在其中就是上上下下地爬升和速降。一路上，感觉并不是在坐车，而是在浪很大的海面上行船。每辆车至少有四名乘客，如果自重太大，车子爬不上坡去，就要下来走一段，有时候还要推一把。遇到坡度特别大的陡坡，我们都会下来站在两边，看着越野车一辆辆地尝试着冲顶，并在成功之后发出欢呼声。

这些车辆多数都曾进出过荒原，但在考察过程中，仍不断有爆胎、陷车的小意外发生。最严重的一次，一辆车的前轮转向节断裂了。幸亏当时的车速不快，司机的经验也很丰富，否则后果不堪设想。每次车队前行的时候，都会保持所有车辆在对讲机可联系的范围内，以便遇到意外后能够及时得到救援。

直到现在，如果不依靠导航设备，我还是不知道在荒原中如何确定向哪个方向行进。在我看来，很多地形地貌都非常接近。除非在某个地标点，有一棵树或者摆着一个空油桶，再或者有一个形状非常特殊的雅丹，我才能意识到曾经路过这里。

但单纯靠这些地表的标志物来记路，有时也会出意外。曾经听一位沙漠行车经验丰富的前辈

边自救边等待救援的车和队员们

因为路况太差，队员们对陷车早就习以为常。这次车的四个轮子已经完全陷入沙中，底盘也已经被托起，自救已经是不可能了，用小铲子挖了半天也没有起任何作用，我们只能用对讲机呼叫其他车辆赶来救援。

转向节断裂的越野车

一个前轮的转向节断裂后，越野车变成了三轮车。司机老白很稳，车没有失去控制。平安和意外有时只是一线之隔，下车后我们才知道刚刚可能面临翻车的危险。沙漠里没有修理的条件，所以车被暂时放在原地。包括我在内的队员都被转移到其他车辆上继续前进。那是考察过程中最拥挤的一次乘车体验。

说起过一次他的历险经历。那一次，他带了一辆越野车赶去沙漠中的某个地点，记得在一处有三棵胡杨树的地方就要转弯。结果后来怎么也到不了目的地，跑到天黑了，汽油也快耗尽了，只好在原地等待救援。后来他才意识到，刚刚转弯处的三棵胡杨树，并不是他视为地标的那三棵胡杨树。后来，好在有路过的车辆，他们才得以脱险。

这片神秘的沙漠，也吸引了无数的探险者到此企图征服沙海。那些准备不足的闯入者，在此搁浅遇险，甚至葬身沙海的，并不是少数。好奇心虽然是最好的老师，但也可能是危险的开始。尽管如此，探险者们仍然前赴后继地进入这片“无人区”。也许他们最想征服或者逃避的，是自己。

考察途中，我们曾经救助过两名计划骑着单车穿越罗布泊的探险者。

一场突发的沙暴使我们不得不暂时中断考察回若羌休整。撤离途中，我们发现路边有一顶蓝色的帐篷和两辆自行车。帐篷并没有搭建起来，而是堆成一团。一辆自行车压在帐篷上，可能是为了防止帐篷被沙暴吹走。帐篷周围，还丢了几

“穿越者”的帐篷和自行车

这是我们发现两个幸存者时的现场。他们显然只看到荒原有路，却不知道前方有多危险。所有的装备似乎都是为了度假准备的。他们没有准备卫星电话，所以无法向外界求援。带进来的饮用水早已经被他们喝光了。瓶子里装的液体，并不是水。

只矿泉水瓶和一个满是沙尘的背包。

车队陆续停下来，开始有队友下车去查看情况。我因为昨夜的沙暴一直没怎么睡，所以路上昏昏沉沉的，也就没下车。在荒原里经常会遇到探险者们遗弃的物品，我们还在“无人区”深处看到过一辆油箱已经空了的小货车，所以大家开始并没有觉得奇怪。

“有人！有人！”一名队友大喊了起来。我一下子精神了，起身就跳下了车。这里已经算是荒原腹地，沙暴也已经刮了两天。“活着没有？”队友们都聚拢过来，围在蓝色的小帐篷旁边。“人呢？人呢？”“在帐篷里！”我们连忙把帐篷拽起来抖了抖，发现里面真的有两个人。他们就蜷缩在帐篷里，身上脸上都是沙土，看起来已经非常疲倦了。还好，他们都活着。

喝过水之后，他们有了点精神。断断续续地说他们是三天之前进来的，计划骑着自行车穿越罗布泊。沙暴来了，可见度低，他们只好就地露营。沙暴一直不停，他们带进来的食物和水也差不多消耗殆尽，只好躺在帐篷里不动。他们没有带任何可以和外界沟通的通信设备，如果没有遇到我们，他们也许只能这样等下去，直到耗尽生命。

“还能不能走？”队友们问，他们点了点头。“上车吧！”我看着他们登上了给养车，回头又看了一眼已经被沙埋了一半的骑行装备。其中一辆山地车的车把上，用螺丝固定着一张带相框的老人照片。“车还要不要啦？”“不要了，不要了，走吧走吧，快走吧……”

后来我没有和他们交谈，所以也不知道他们为什么带着这样简陋的装备就有勇气来挑战这片生命禁区。回到若羌以后，他们稍做停留就离开了。我理解他们死里逃生的解脱感，这次经历也许会在未来很长一段时间里都是他们的梦魇。但他们没有拿走那张照片，我觉得很遗憾。

安全，是探险活动中首先要考虑的问题。我们在荒原里的“安全屋”，是楼兰文物工作站。那也是每次考察路上我们的第一个落脚点。

贰

旧时代的骑士

——每一个为了平凡工作默默奉献的人，都是旧时代的骑士

文物工作站，是各地方文物管理部门在古代遗址周边设立的固定工作场所。这些场所形式多样，有的是征用或者改造民居而成，有的是条件非常好的多功能独立建筑。工作站的功能大同小异，在考古发掘期间，这里是考古队的营地和整理基地，也是出土文物的暂时存放地。发掘期之外，通常有专职的文物管理员负责日常的工作，他们同时会对遗址进行日常巡查与保护。我在很多文物工作站做过整理工作。与20年前相比，考古发掘和整理的野外工作条件已经有了非常大的

改善。

从若羌县城出发，要开出350多公里才能赶到楼兰文物工作站。在石子路上颠簸了大半日，下车后，全身酥麻，用力踏踏脚，走上几步才站得稳。

楼兰文物工作站可能是全国工作和生活条件最艰苦的一座文物工作站。

车还没开到工作站的院子里时，远远就会望见一个几十米高的瞭望塔，在荒原中孤零零地矗立着，最高处的国旗格外醒目。傍晚总是有风，国旗也总是迎风飘扬。

我曾经在一个风不大的傍晚登上过这座塔。钢架的梯子很陡，爬上去要手脚并用。越往上，风的力量就越强，会感觉整座塔有些微微的晃动。塔顶是一个有顶的小棚子，棚子里只有一架望远镜。拿起来看了看，无论多远，都还是一样的景色，只是雅丹的疏密和大小略有不同。除了日落的光线渐弱外，感觉不到景色有任何的变化，好像在看一幅完全静止的画。

来到门前，一条大黄狗冲出来，吠叫着绕着车不停地奔跑。也许它已经很久没见过生面孔了。驻守的文物管理员老早就知道我们要来，听到车

从塔顶俯瞰下的工作站及院子

在瞭望塔顶，可以看到楼兰文物工作站的全貌。地面的两个白色支架是小型的风能发电机，右侧的黑点部分是新修建的水窖。所有的车辙和脚印都集中在这个小院子里，院子的地面平整得像一汪不起涟漪的水。

楼兰工作站

工作站的这排房子实际上是半地穴建筑，荒原中的房屋采用这种构建方式会更坚固。房子后面就是个高土堆，沿着土堆可以很轻易地登上屋顶。在它旁边的瞭望塔还没建成之前，文物管理员站在屋顶，用望远镜可以看到很远的地方。

声和狗叫，走出来站在门口，看着我们笑。

这座远离人群聚居区的工作站始建于2003年，最初叫楼兰文物保护站，和著名的楼兰古城直线距离只有30多公里。初建时连一座砖砌的房子都没有，只有一顶帆布帐篷，后来挖了地窝子，总算是有了半地穴建筑。这些地窝子还在，现在是用于存储杂物的仓库。里面不冷，但是没有光。

2013年10月，楼兰文物保护站全面升级改造，建起了砖房，正式更名为楼兰文物工作站。我们到来的时候，工作站各方面条件都已经有了很大的改善。院子里多了风力和太阳能发电设备，也有了水窖。即使这样，我依然觉得除了颜色略深的屋顶外，这里已经和荒原融为了一体，只是黄色中的一个灰点。因为在周围近万平方公里的区域内，再没有其他的居民。在沙海里，它就像一座孤岛。

工作站有一群鸽子，天气好的时候，会在房子附近的空中飞来飞去。鸽子不是养来吃的，只是为了给单调的生活增加一份饲养和观赏的乐趣。它们起飞和盘旋的时候，会让这片看起来一直静止的空间多一些动感。鸽群有时可能会引来鹞鹰，我们如果看到了，就会丢石头把鹰赶走。院子里还有一群鸡，平时舍不得杀，只是为了留下来生蛋。三只看家护院的狗，都不太胖，看来站里有限的食物，分给它们的时候只能满足基本的温饱。

夕阳下的我和大黄

一次在工作站过夜，饭后去院子外散步，看到大黄正在看夕阳。于是我也坐下，我们俩就这样一前一后地坐着，一直坐到了太阳跌入地平线。

每次进入荒原的第一夜，我们都会在工作站稍做休整，检查一路颠簸是不是对装备和给养有损毁。因为路况太差，有一次我们装生活用水的水箱漏了，水哩哩啦啦洒了一路，不得不回若羌重新补给。工作站是我们进入荒原以后的唯一中转站，过了这里，我们就进入“无人区”的腹地了，除非撤出，再没有补给的可能。如果遇到恶劣的天气或突发情况，我们也会先撤回工作站。这里的屋顶毕竟比帐篷坚固，有门窗可以阻挡一下令人绝望的风声，队员们也能喝上一口热水，吃到不掺沙子的一餐。沙海里的这座孤岛，是我们的避风港。

工作站的主要职责是负责楼兰古城遗址、楼兰墓群等文物保护单位的日常管理和巡查。每天，文物管理员都要驾着摩托车在保护区范围内至少巡查一次。楼兰的文物对盗墓者有太大的诱惑力。在利益的驱使下，他们可以全然不顾生命危险，单车进入保护区。面对这些疯狂的盗墓者，巡查人员甚至有面临生命危险的可能。

即使经过了改善，工作站的自然条件和生活条件依然艰苦，工作人员却早就习以为常。长时间单一的工作环境和工作内容，使他们之间在站内也很少交谈。因为他们之间的所有话题，早就已经不再新鲜。如何面对寂寞，是我所不能想象的事，因为我还没有这样的经历。现代人已经习惯了在人群中生活，也习惯了用沟通去打发时间。工作站里可见的几本书都被翻得有了毛边，不知道被翻了多少遍。有时候，他们会在巡查过程中捡一些石头做成小且精致的雕刻品，来为这漫长的守护岁月做一些点缀。我们的到来，使工作站的夜晚一下变得热闹起来。大家彼此问候，一起在厨房烤火，唠唠家常。直到发电机停了，这里才又安静下来。

站里有给访客的客房，钢架床还算结实，只是没有寝具。大家都是盖着睡袋，也不算冷。一次在工作站过夜，睡到凌晨，我感到腿上一阵刺痛，迷迷糊糊伸手去抓，好像抓到了什么东西，下意识地马上把它甩到墙角。打开头灯下床去看，原来是只蝎子。刺痛一直延续着。因为队友们都睡熟了，我只能强忍着疼，睡睡醒醒，翻来覆去地熬到天亮。在陕北窑洞工作的时候，有蝎子曾经掉进被窝里，好在当时揪住就放了生，没有被

被记录的蝎子

黑暗里什么都看不清，只是知道被什么咬了一口。打开头灯寻找，发现咬我的是只蝎子的时候，着实吓了一跳。定了定神，还是拿起相机做了记录。至此在野外叮咬过我的小生物，集齐了传说中的“五毒”。还需要记录的是，第二天醒来时，我发现这只蝎子不见了。

蜇过，所以不知道会不会有什么严重的反应。等到大家都起床后，就到处去问队友，被蝎子蜇了是不是要紧的事情。经验丰富又态度严谨的穆老师看了看伤口，慢条斯理地说，看起来应该没什么事情。工作站的朋友们听到就笑了，说：“没事的，没事的，一会儿就好了，这边蝎子很多的，我们经常被蜇。抓住它们还可以泡酒。”然后拉着我去看窗台上那只泡着蝎子的酒瓶。这瓶酒在当时，是对我最恰当的安慰。果然，一天之后，伤口就不再痛了。

在野外工作，蚊叮虫咬是常事。我应该是蚊子比较喜欢的一种人，所以经常会在野外被咬到胖一圈。在森林里露营，曾经有过腿被咬到不能弯曲、完全没有感觉的经历。这次考察情况特殊，在最热的季节，考察区里也没有蚊虫。因为这里没有水，蚊虫们没办法繁殖。

工作站有四名常驻的工作人员。两两一组，按月轮流在工作站值班。其中与我们最熟络的一个，是小崔，我们也习惯叫他崔站长。在整个考察过程中，他都是我们的向导。对这片荒原，他实在是太熟悉了。

小崔的大名叫崔有生，宁夏人。2005 年 3 月，因为看到若羌县文物局招聘工作人员，小崔就抱着试试看的想法跟着一辆拉水的车来到工作站。那一次路上走了两天。到了地方住了一夜，他觉得工作条件太艰苦，就准备不做了。当时的领导说，那等等看，找到新的人就把他替换出去。没想到这一等，就等了十几年。

小崔话不多，我却偏偏喜欢拉着他聊天，问他一些在保护区里工作和生活的问题。比如，保护区的范围那么大，怎么能够保证都巡查到呢。他说，巡逻的范围有25万平方公里，每天的日常巡逻是不可能完全走到的。如果有车进来，在每个主要的路口会有新的车辙。所以白天日常巡逻的主要目标就是这些路口，每天上午和下午都要去一次。晚上如果有人闯入，在瞭望塔上也可以看到车灯。即使发现了盗墓贼或者闯入者，用卫星电话上报到上级单位，公安干警从若羌县赶到现场还是需要很长的时间。在这段时间里，如果闯入者觉察到已经被发现，还是有时间逃跑的。这也是楼兰保护工作非常艰难的一个很重要的原因。在荒漠中的追捕往往是根据各种线索去判断盗墓贼逃跑的方向，这种判断不只是凭经验，也要靠运气。2009年12月，经过数月的较量，终于还是有一个盗墓团伙在保护区被擒获了。

有次我问小崔，他最长在工作站里待了多久，他没有思考就回答了我："8个月，2007年的时候待了8个月，离开一周又回来了，因为工作站不能没人。”

小崔的年纪比我大，但并没有大到要叫老崔的程度。小崔的形象多变。具体是怎样的形象，要取决于在什么时间点和什么地点看到他。如果是在工作站里，他经常穿一套丛林迷彩服，尺码明显要大一些，虽然扣子扣得很齐整，裤脚却总是堆着的。他发际线很靠后了，头发长且硬，所以看起来乱蓬蓬的。脚上经常套一双胶鞋。长期的日晒使他皮肤黝黑，风沙也使他总是习惯性地眯着眼睛。他戴着一副近视镜，镜片配成了茶色，省去了在阳光下戴墨镜的麻烦。他的话很少，多数时候都是沉默的。在人多的时候，他会认真听大家说话，偶尔插上几句，都是很短的句子，而且烟不离手。2017 年 10 月，我们刚刚结束那个年度的考察离开后不久，小崔为了拦截两辆闯入者的车，驾驶着摩托在沙包上遇险，左侧额头上缝了 40 多针，留下了一道长长的疤。现在虽然疤痕变得很浅，但看起来还是很明显。不知道是不是伤口还有感觉，他有时候会下意识地摸一摸那道疤。

不在工作站的时候，他会在县城的博物馆上

班。如果是在博物馆里看到他，有时他会穿一身看起来并不合身的西装，有时会穿着颜色有些奇怪的半袖衫。无论是穿皮鞋还是旅游鞋，鞋子都是一尘不染的，很显然经过细心的打理。说话爱笑，爱开玩笑。一次看到他带着女儿在广场散步，在与我们寒暄的时候，眼睛也一直望着女儿，唯恐下一刻看不到了。除了楼兰的古迹，那也是他必须守护的对象啊。后来听说，他的婚礼也是在工作站举行的。他的两种生活状态，在工作站有了交叉点。

这就是生活环境对人的影响。

作为一名考古工作者，我对这样的反差一点也不觉得奇怪。本科田野实习结束，途经大城市火车站的时候，我和几名男同学就曾被拦住盘查了多时。在缺水的山间乡村生活工作了四个月以后，每个人都蓬头垢面、衣冠不整，或暴躁或沉默。面对城市，我们一定也表现出了不安。而我们自己，对这种状态并不自知。只是在过马路的时候，会忽然发现失去了在车流中穿越的勇气，即使我们是在斑马线上。当然，一旦回到城市，几日后就迅速变回一名普通学生的样子。

小崔要不断经历这样的转换。

最初的工作站类似一个临时营地，环境恶劣，给养匮乏。巡查工作都是靠步行来完成。行走一天，也只能走完一个很小的区域。如果遇到恶劣天气，送给养的车不能及时开进来，固守工作站的他们很可能面临不能满足基本生活条件的困境。后来慢慢建起了砖房，配备了摩托车，还建起了钢结构的瞭望塔，但即便如此，每天仍然要驾车往返 40 多公里完成保护区的巡查。

工作站现在已经配备了卫星电话。完成了每天的工作，他都要打一个电话。电话的内容往往只有一句话：今天好着呢啊。

这样坚持工作了近 10 年之后，2012 年，小崔荣膺第五届“薪火相传——中国文化遗产保护年度杰出人物”称号。

作为地方文物部门的代表，小崔也是科考队的一员。共同的生活和工作经历，加深了我对他的了解。也许是在荒原中住久了，他有时会自言自语。听得多了，我发现骨子里的他，是个非常幽默的人。这种幽默感，非常近似于东北大地的俏皮话文化，是一种“关键时刻较你真儿”的默契，这样的语言表达方式，我很习惯。对一些看起来很平常的小事，他经常会有一些非常独到的见解。比如，我们的日常调查方式是从出发点大家散开，然后分别走到集合点。一次晨起风大，到达集合点已经开始扬沙，队长很犹豫要不要下令出发。这时候我听到小崔小声嘀咕道，这种天气还放猎狗，不怕收不回来么。队长可能没有听到，但这句话我现在想起来，仍然觉得非常好笑。

人多能耐住寂寞，就有多热爱生活。小崔做的菜非常好吃，面食也做得很棒，会蒸很好看的花卷和做粗细合适的拌面。我非常有幸在工作站吃过他做的饭。考察队的炊事员开始做饭的时候，他经常站在边上指指点点，发表自己的意见。这时候，我们总是鼓动他上去露两手，他也总是低头微微一笑，转身走开。

由于经年累月在保护区巡查，小崔在荒原里的活动能力在全队中的表现非常出色。他不带任何导航设备，却总是能最早到达集合点。见我们还没到，他就去走更大的考察范围。我们在谷地穿行的时候，他时不时地一会儿出现在路边的雅丹顶上，一会儿又出现在我们的前方。这种对地形的适应，我一直没有做到。我总是走一段就会看看航迹，算一算离集合点的距离。

已经很久没有看到小崔了，我很想念他。尽管与他单独交流的机会不多，只有屈指可数的几次，但对我来说，他是一个与我生活在完全不同世界的人。他的世界也许没有那么多丰富的色彩，也没有那么多繁杂纷扰，但和我遇到的大多数人相比，他显得更单纯，也更善良。对那些一定要做的事情，他比我更执着，也更能从简单的生活中获得快乐。他像获得了一种我早已经遗失的身份，有情有义，循规蹈矩，有所为，也有所不为。

在工作站休整完毕，带上崔站长，我们一起去楼兰古城。

叁

/

重建一座城市

——楼兰古城的记忆

罗布泊地区楼兰时期的城址，其实并不止一处。但人们通常说起的楼兰古城，就是指这座斯坦因编号为 LA 的古城址。

从工作站出发，行车 30 多公里之后，就到达了楼兰古城。路况不算太糟糕，只是为了防止盗掘者和探险者擅闯古城保护区，工作站在沿途设置了多处路障和很多道钉。小崔就坐在车队的第一辆车上，每前进一段路，就下车把道钉移开，后面的车辆才能继续通行。这些道钉的位置，只有他才记得清楚。有一次他开玩笑说忘记了前面的道钉位置了，驾驶员立刻变得紧张起来。其实，对他来说，这些与古城保护相关的工作内容，每天都会在脑中过上几遍，根本没有忘记的可能。

曾经有四辆越野车，在潜入古城的路上，被刺穿了所有的轮胎。结果不得不把四个备胎装在其中一辆车上，才勉强开出来寻找救援。这种事情，听起来真是既可气又好笑，最后还会有些同情这些倒霉蛋儿。可怜之人必有可恨之处。虽然设置道钉的办法既原始又有些“残忍”，但对于文物管理员保护古城的重任来说，这种不得已而为之的方式，可能是目前防止擅入保护区最有效的办法。

没到过楼兰古城的人，都会对楼兰充满向往。抱着观光心态来楼兰古城的人，其中非常大的一部分，又会感觉到很失望。经过申请和批准，一些普通的游客也可以来到古城参观。我曾经和几位观光者就楼兰的观感进行过交流。他们觉得，付出那么多的时间和精力，来了就看到这些“土包包”；生活条件又艰苦，吃不好睡不好的，实在是遭罪。这与他们想象里“黄沙百战穿金甲，不破楼兰终不还”、“明敕星驰封宝剑，辞君一夜取楼兰”和“愿将腰下剑，直为斩楼兰”的远方，没有一点相同之处。

“楼兰”是在我国古代诗词中被提到次数最多的西域地名之一，不知道是不是诗人们觉得这个词的发音很美。在被用来指代更广义的楼兰地区和狭义的楼兰古城之前，这个名称就已经存在了。关于“楼兰”这个名字的来历，有很多不同的说法[1]，目前学术界还没有达成普遍的共识。

在《史记·大宛列传》和《汉书·西域传》中，都有关于楼兰的记载。《史记》中的记载是：“楼兰、姑师邑有城郭，临盐泽。”[2]《汉书》这样记述道：“鄯善国，本名楼兰，王治扜泥城，去阳关千六百里，去长安六千一百里。户千五百七十，口万四千一百。”[3] 东晋高僧法显的《佛国记》中这样写道：“其地崎岖薄瘠，俗人衣服，粗与汉地

---

1 长泽和俊：《楼兰王国》，角川书店，1963，第1页；冯承钧：《西域南海史地考证论著汇辑》，中华书局，1957，第18页。

2 《史记》卷一百二十三，中华书局，1959，第3160页。

3 《汉书》卷九十六上，中华书局，1962，第3875页。

同，但以毡褐为异。其国王奉法，可有四千余僧，悉小乘学。”[1] 玄奘在《大唐西域记》里对楼兰的位置也有简单的介绍：“至纳缚波故国，即楼兰地也。”[2]

1899 年，斯文·赫定在当时的瑞典国王和著名的诺贝尔先生的共同资助下，第二次来新疆探险。[3]1900 年 3 月，由于一次意外的风沙，他偶然发现了这座古城。通过对斯文·赫定带回瑞典的文书简牍进行释读，德国语言学家卡尔·希姆莱和孔好古（August Conrady）发现其中有“楼兰”二字。这一发现震惊了世界，由此开启了楼兰古城的发现和研究历程，也吸引了更多的人来到这里探险。其后的英国考古学家斯坦因和日本大谷探险队的橘瑞超，都根据斯文·赫定所提供的经纬度，找到了这座古城。

---

1 郭鹏、江峰、蒙云注译《佛国记注译》，长春出版社，1995，第 5 页。

2 （唐）玄奘、辩机原著，季羡林等校注《大唐西域记校注》，中华书局，1985，第 1033 页。

3 斯文·赫定：《亚洲腹地探险八年》，徐十周、王安洪、王安江译，新疆人民出版社，1992，第 2 页。

斯文·赫定也可能并不是近代最先到达楼兰古城的人。在故宫档案馆收藏的清代地图中，有一幅《敦煌县西北至罗布淖尔南境之图》，图中标出了罗布泊西岸古城址的位置。中国科学院的黄盛璋先生认为：这幅地图是清末地方政府参将郝永刚受时任巡抚委托探路罗布泊时绘制的。[1] 如果地图上标注的古城就是我们看到的这一座，那么郝永刚到达楼兰古城的时间要比斯文·赫定更早。

新中国对楼兰古城比较重要的一次全面考察在1980年。当时中央电视台《丝绸之路》栏目组联合新疆社会科学院考古研究所，在楼兰古城内工作了22天，对古城进行了全面的调查和试掘。

和我到过的一些保留至今的古代城址相比，楼兰古城的规模不算大。地表上大部分的城墙或高或低地得到了保留，可以看出原来城址大概的范围。早期的城，主要功能多是防卫，所以会有很高的城墙。这里的城墙多数是土坯结构，虽很

1　陶保廉：《辛卯侍行记》，中国国际广播出版社，2016；林梅村：《寻找楼兰王国（插图本）》，北京大学出版社，2009。

坚固，也有后期整修的痕迹，还是被经年累月的风蚀破坏掉了大部分，形成了一个个的缺口。考察中我们也到过楼兰地区的其他几座古城，地表

方城的城墙

在楼兰古城东北约 30 公里处，还有另外一座汉代的古城址，斯坦因曾将其编号为 LE。这座古城的城墙保存得更为完整。因为平面形状接近正方形，所以 LE 古城也被称为“方城”。从现存的城墙上，可以看出构筑城墙的材质除了土坯外，还有一层层的芦苇。

可见的规模都没有楼兰古城大，更像一处庄园或城堡，方城就是其中之一。

城郭、三间房、佛塔和烽燧，是目前楼兰古城内外保存得最好的建筑。虽然经过整修和保护，但除了城郭的范围，丝毫看不出往日繁华的痕迹。沧海桑田，染苍染黄，丝绸之路枢纽的辉煌历史已经尽数掩埋于黄沙之下。

目前可见的古城内的布局，主要以古水道为分界线，分为东北和西南两个区：东北区主要遗迹包括佛塔及其附近相关建筑；西南区保留下来的遗迹相对较多，除三间房遗址区外，还有西部和南部多处院落。

三间房是楼兰的标志之一，是现存三个隔间的一栋木构架土坯建筑。经过对现场的勘察，发现每一个隔间都非常狭窄，却有一定的纵深。它们彼此并不相通，中间的房间面积略大，两侧的房间面积比中间的小些，但大小差不多。置身于房间中，我感觉活动空间非常小，两人并行都有点困难。斯文·赫定曾经在东边的一间发掘出大量的文书和木简。有队友推测，当时这种无窗的狭长建筑结构，可能是为了更好地防风，我觉得

三间房前面的小广场

三间房前面有个宽敞的小广场，上面散落有一些陶片和兽骨。远处可以看到佛塔。城中还发现有一些木构件，上面的榫卯结构非常明显。

这种推测有道理。但房屋的构建，总是要以实用性和功能性为主，这样狭窄的空间，如果是作为衙署之类的来使用，空间还是显得非常不足。

城中地表上，偶尔还可见一些散落各处的陶片，多是红色或黑色的泥质陶。因为后期的人类活动并没有间断过，所以很难立刻判断这些器物

“三间房”中的一间

三间房的每个房间都很狭窄，房间之间的隔墙却厚达一米多。支撑的木桩是为了保护墙体进行的加固，并不是房址最初的构件。我觉得这样狭窄的空间如果作为“衙署”来使用，未免过于局促。也有说法认为这里可能是专门储存文书档案的空间，这种说法我觉得更有说服力。

是不是楼兰时期的。

科考队的队员关注的科学问题各有侧重，所以在城中的调查既有分工，也有合作。有的去调查城墙的构建方式，有的在采集测年样本，有的队员在讨论古水道和城址的早晚关系。我和两名

楼兰古城内的动物骨骼和炉渣

由于后期人类的活动较少，在楼兰古城的地表还可以发现很多古代遗物。此处的兽骨和炉渣都比较密集。兽骨中明显可以看出种属的是牛、羊和马。对炉渣的分析可以了解当时的金属冶炼水平。当然，对于这些地表采集品，还需要科学测年来最终确定它们所属的年代。

队友在三间房附近也采集了一些散落在地表的动物骨骼标本。虽然风化残损严重，仍有一些标本可以鉴定出种属。其中：牛最多，其次是羊，另有马、骆驼和驴。很多标本上有切割和砍砸的痕迹，可能是代表着当时人们对肉食的加工方式。

这些动物骨骼表面非常少见烧烤的痕迹，说明当时的加工习惯可能以蒸煮为主。粗大的长骨往往被从中间砸断。这可能是为了敲骨吸髓，也可能是为了更方便煮熟。

《汉书·西域传》曾这样记载当时楼兰的地理环境："地沙卤，少田，寄田仰谷旁国。国出玉，多葭苇、柽柳、胡桐、白草。民随畜牧逐水草，有驴马，多橐它……"[1] 可见当时楼兰地区多风沙盐碱，田瘠粮少。当时的居民只能仰仗孔雀河和塔里木河下游的水资源条件发展游牧业和渔猎经济。城址中数量最多的牛、马和羊，可以初步确定为家畜。可见当时的畜牧业较发达，已经可以为城内居民提供比较稳定的肉食来源。骆驼和驴的数量虽然相对少，但其骨骼上的加工痕迹也表明它们同样是楼兰居民肉食的来源之一。

和三间房一样，古城东北区的佛塔同样是以木构土坯的方式构筑，残存的高度尚有 10 米左右，在底部能够清晰地看到层叠的土坯痕迹。因

---

1 《汉书》卷九十六上，中华书局，1962，第 3876 页。

为风蚀得严重，已经看不出这座建筑最初的宏伟模样。但这座佛塔，仍是目前城中最高的建筑物。可见，此种类型和功能的建筑当时在城中的地位颇高。

楼兰古城的标志性建筑——佛塔

佛塔基底部呈方形，现存的边长约 20 米。残存的塔高约 10 米，塔身由土坯、木构件等共同筑成。塔身向上逐渐缩窄，顶部的结构变成了圆柱形。

在楼兰古城的调查分年度进行了几次，在调查的过程中，我还有两次“古城惊魂”的经历。

一次是在调查佛塔的时候。刚到佛塔面前，就隐约听到有人在吟诵佛经，听声音又不可能是队友发出的。听了一会儿，我从最初的心生疑惑开始变得焦虑。在荒原中行走久了，对不是自然界发出的声音本来就十分敏感。于是我绕着佛塔转了几圈，上上下下地反复看，到处找是哪里发出的声音。在绕塔的过程中，诵经声时大时小，忽远忽近。我稳了稳心神，又绕塔走了几圈，终于找到了声音的来源——一个体积很小的唱佛机，放置在佛塔上，位置很高又很隐蔽。找到真相以后，我便放了心。但又开始好奇，在野外这么久，它的电力怎么还没有耗尽。凑得更近，仔细看，原来这还是一个带太阳能充电装置的高科技产品。

另一次是在考察的第二年。当时我刚刚穿过了古河道，准备通过城门到城外去，身边并没有同伴。迎面从城门走过一个行人，步履优哉，东瞧西望，看到我还和我打了招呼，然后与我擦肩而过，继续向城里走去。出于习惯，我礼貌性地点点头，然后继续向前走。但走了几步我才忽然意识到，这并不是考察队的队友。我记得在我们到来的时候，在周围并没有看到其他的车辆。古城里怎么还有其他人？！也许是听了太多盗墓者和闯入者的故事，我瞬间提高了警惕，心中也涌起了万丈豪情，准备为保护楼兰古城尽一份力。

我马上掏出了手铲，然后用对讲机通知在城中各处调查的同事，先堵住城门。同事们得知这个情况也很紧张，从四面呈包抄之势慢慢将这个陌生人围了起来。这种紧张的局面，很显然把陌生人也吓了一跳。有同事亮出了文物稽查的执法证，开始询问具体情况。这时我们才知道，这个所谓的“闯入者”，是另一支被县里派出考察古城现状队伍里的驾驶员同志。

只是误会一场，大家握手言欢。

考察临近尾声的时候，一次临时宿营在古城外的雅丹上。暮色将至未至的时候，就可以在落日余晖下看到古城的全貌。最后的一缕阳光，把城中建筑的每一个边角都加深了轮廓，或是金色，或是黑色。看起来很近，却又显得那么遥不可及。我忽然想起《大唐西域记》中有这样一段话：“城郭岿然，人烟断绝。”[1]

考察期间，我们也去了探险家们记录过的其他几座古城[2]，这些城多数都是方形的，只是在尉犁曾经看到一座圆形的城址——营盘古城。营盘古城的城墙保存得非常完整，我的第一印象是觉得它很像古罗马的角斗场。这两种不同形制的古城，可能代表着人群不同的文化传统，也可能表明它们有着不同的功能。

在若羌县城东 80 公里的米兰河北岸，还有另外一个唐至魏晋时期的遗址，叫作米兰遗址。那里保留了唐代的古戍堡、佛寺和魏晋时期的居址。斯坦因曾经在这里的佛寺遗址中割取了“有翼天使”等珍贵的壁画，还带走了寺庙中佛像的佛头。我只在图片中看过这些文物资料。结合在考察过程中看到的其他风格多样的遗物，我觉得楼兰地区的古代居民，的确是“在不宜居住的生活条件

1 （唐）玄奘、辩机原著，季羡林等校注《大唐西域记校注》，中华书局，1985，第 1032 页。

2 斯坦因：《西域考古记》，向达译，商务印书馆，2013。

下却具有较高的审美观”[1]。

完成了在楼兰古城的工作，我们就要踏入荒原的更深处进行考察，那里还有更多的谜在等着我们。

1 雅诺什·哈尔马塔主编《中亚文明史》第二卷《定居文明与游牧文明的发展：公元前700年至公元250年》，徐文勘、芮传明译，中国对外翻译出版公司，2002，第161页。

肆

/

寻找生命的湖

——罗布泊里的生命迹象

“广袤三百里。其水亭居，冬夏不增减。”[1] 这是《汉书·西域传》对罗布泊这片西域最大水域的描述。罗布泊，也被称为罗布淖尔，名称来自蒙古语的音译。它本来是塔里木河的终端湖，也是仅次于青海湖的中国第二大内陆湖。它海拔 780 米，面积 2400～3000 平方公里，发源于天山、昆仑山和阿尔金山的塔里木河、孔雀河、和田河、叶尔

1 《汉书》卷九十六上，中华书局，1962，第 3871 页。

羌河等河流，从北、西、南三个方向，源源不断地注入罗布泊，使其在鼎盛时期，成了一个多源汇集的湖泊。

东晋高僧法显，曾在《佛国记》里记录了他看到罗布泊时的场景："上无飞鸟，下无走兽，遍望极目，欲求度处，则莫知所拟，唯以死人枯骨为标帜（志）耳。"[1] 可见法显到达这里的时候，此处的生态环境已经非常恶劣，不那么适合人类生存了。

现在罗布泊的自然环境已经有了改观，飞鸟和走兽不时也可以见到一些。

荒原里的植物很少见绿色，枝叶也并不繁茂，这样可以最大限度地减少水分的蒸发。除了胡杨、红柳外，我开始并不知道其他植物叫什么名字。见得多了，才又认识了骆驼刺和罗布麻。

罗布泊没有明显的雨季，所以这里的植物只能依靠从地下吸收的水分生存。它们往往只是孤零零的一簇，紧贴地表生长，这样可以最大限度

---

1 郭鹏、江峰、蒙云注译《佛国记注译》，长春出版社，1995，第5页。

地减少水分的蒸发。在出发前看过的一个沙漠求生指南里说，如果在沙漠中发现了植物，可以从它所在的位置一直向下挖，可能会获得一点能饮用的水。

在荒原中看到数量最多的植物，并不是有生命的，而是那些已经干枯了的红柳、胡杨，还有芦苇秆。

考察途中，曾路过多处小规模的树林。它们多数分布在古河道的两岸，林中的树木都已经干枯了。这些树的墓地，很多树干横七竖八地倒卧在原地，却并不腐朽，尤其是胡杨。传说，胡杨三千年不死，死后三千年不倒，倒后三千年不朽，所以是坚忍不拔精神的象征。测量那些大树干的围径，再去查查年轮，三千年的树龄怕是不会有，几百年总是可以达到。

我们要采一些干枯树干的切片做种属、树龄等信息的测定，所以有时伐木也是工作的一部分。胡杨的木质非常硬，截断它们是很困难的工作。在一

考察途中见到的最粗的一棵胡杨树

这棵胡杨的树龄一定很长了。我不知道在水量充沛的时候它是不是还会再次枝繁叶茂。即使它已经没有了生命，一定还会在这里继续站很久很久。

古河道岸边的树林

这种小规模的树林，在荒原中比较常见，尤其是在古河道的两岸。有些可以看出是成行分布的，中间有一定的间距，好像一条长廊。不知道这样的分布是不是有人工栽种的可能。

次规模不大的沙暴中，因为无法进行野外踏查，又不能做其他的室内工作，觉得心中憋闷，所以我就把脸包得严严实实的，独自冲进风中去锯木头。实践证明，体力劳动在某个层面上可以减轻心中的郁结。可能因为是在风中，动作难免有些大，队友看我的眼神都有些奇怪。考察结束之后偶然谈起这件事，队友告诉我，大家都担心魏老师是不是因为在荒原中待得太久，已经开始发疯了。我并没有否认这种说法。

胡杨的树干笔直，往往会被做成建筑的梁架和立柱。在荒原里的遗迹中，很多房屋的木构件都是用胡杨加工的。另外，在一些墓葬的棚架和墓道

独木棺和箱式棺的盖板

考察途中发现的古墓中，葬具有不同的加工方式。经过鉴定，这些棺木的材质绝大多数是胡杨。把树干掏成中空制成的独木棺和先加工板材然后再用榫卯拼接的箱式棺，可能分别来自不同的文化传统。无论哪种形制都可以表明，当时的人们已经具有很高程度的木器加工技能。

中，也可以见到胡杨，或是板材，或是立柱。干枯了的胡杨还是很好的燃料，罗布泊和孔雀河流域附近的居民，现在有的还在使用捡拾到的胡杨枯枝生火。

有红柳的地方往往有沙包。红柳的根系很长，

红柳沙包

这是一座比较小的红柳沙包。红柳每年 4 月中旬开始发芽、生长，7 月以后生长速度减缓，11 月落叶。秋季的落叶会形成枯枝落叶层，次年春季开始被风沙掩埋形成风沙层。红柳不断生长，沙包也会累积增高。这样，每年交替叠加的落叶层和风沙层就像树木的年轮一样，可以用来纪年。

有固沙的作用，在沙化地带治理中经常被使用。红柳的枝干也很直，是做箭杆很好的原材料。我在楼兰古墓中曾经见过一些箭杆，就是用一根红柳枝简单地刮削出一个尖头，然后在尾部装上箭羽。在这些箭杆上，往往还可以发现彩绘的痕迹。这些有彩绘的箭，可能并不是真正的武器。

红柳枝在当代还被大量使用着，只是最常见的用途变成了串烤肉。红柳烤肉比铁签的烤肉要贵一些，我不知道其中的原因。也许用了红柳，烤肉就有了戈壁的味道。

古河道两旁往往有大片干枯的芦苇荡。在一些遗址的房屋中，也可以看到用芦苇做成的屋顶或者围墙。作为一种建筑材料，中空的苇秆有非常好的防风和保温作用。在一些汉晋时期的古城堡和墓葬里也会看到芦苇秆。直到近代，在一种牧人的临时居所——牧铺的搭建中，芦苇仍是主要的建筑材料。仅从外观和形制上看，很难看出这些近现代的牧铺和古代建筑有多大的区别。所以，如果一定要判断年代，我们会采集不同种类和不同深度的样本来测年。

红柳和芦苇干枯以后会变得非常坚硬。折断

芦苇围墙

调查中发现了一处用芦苇做墙的房址。墙并不高，但厚度达到了40厘米以上。捆扎致密的纵向排列和中间横向的多重加固方式，使这堵墙至今还没有倒塌。测年数据的分析表明，这种形制的房屋在罗布泊地区的使用，延续了非常长的一段时间。

后的断面，往往是一个斜向上的尖。踩在上面，有时鞋子会被刺穿。我们车的轮胎，有几次也被地表的红柳枝贯穿过。经验丰富了以后，我们都会小心地避开这样的区域。

在荒原中能看到的动物比植物少，这个结论

包括了遗骸的数量。

一种白色的小螺壳在罗布泊很常见。它们都保存得非常完整，不知道已经在这里躺了多久。螺壳很薄，也很脆，拾起来的时候如果稍稍用力，就会碎掉。可见这许多年来，没有人移动过它们。

在沙包上经常可以看到体型不大的蜥蜴，移动速度飞快，一转眼就不见了。运气好的话，还可以看到跳鼠，那是一种移动方式像弹射一样的

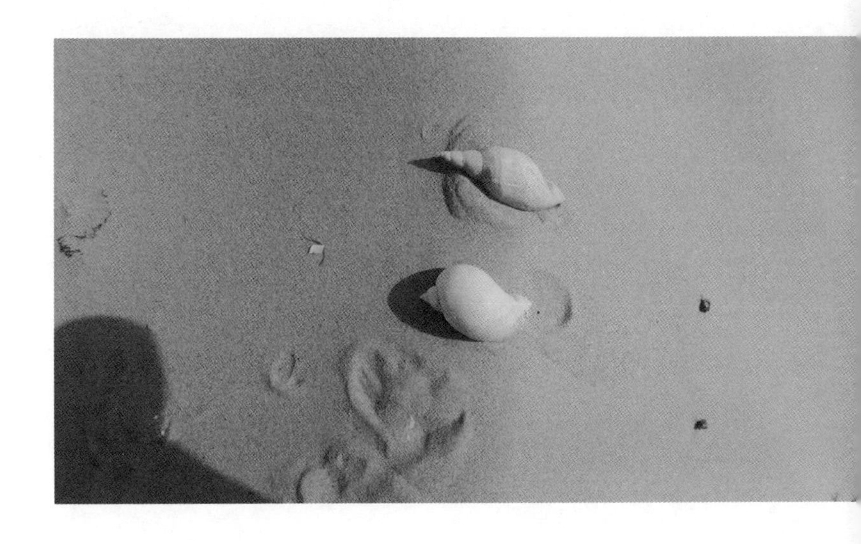

沙漠中的螺壳

在罗布泊很容易看到这种白色的螺壳，一般都是成片分布的。外表看起来，它们很像餐桌上常见的中华圆田螺。虽然它们重量很轻，但由于体积太小，风沙很难将它们吹动。所以它们所在的位置，可能就是水域干涸之前的位置，并没有移动过。

小动物。这些动物的颜色多是沙色的，如果不移动，很难从黄色的背景中被分离出来。它们的警惕性都非常高，所以我很少有近距离观察它们的机会。

搭建了营地以后，食物会吸引一些小鸟来找吃的。与那些常见的惊弓之鸟不一样，荒原里的

沙漠中的蜥蜴

在保护色的作用下，沙漠中的蜥蜴很难被发现，除非它们因为受到惊吓开始狂奔。它们奔跑的速度非常快，即使是在颗粒很小的细沙上，也几乎不会留下痕迹。有时，它们还会一头扎进沙里，像沉入水中的小鱼。冬季将要来临的时候，蜥蜴就开始冬眠，所以在考察期里能看到它们的时间并不长。

停在帐篷门口的小鸟

起初我以为小鸟来营地是寻找吃的。后来发现，它们对这些食物并不感兴趣。即使我把馕掰碎了放在一处，它们也不会来吃。这只小鸟在帐篷前停留了很久，还一直东张西望。可能它们来亲近人类，仅仅是因为好奇。

小鸟都不怕人，有时候还会主动落在人的手掌和肩头上，它们的天敌只是天空里的鹞鹰。我在楼兰古城里还看到过一只大蝴蝶，因为找不到落脚地不断地飞啊飞的。偶遇这些在其他地区常见的小生命，对我们这些旅人来说，都是会带来微笑的一种惊喜。

在秋天的荒原里，每天都可以体会到四季温度的变幻。我曾经以为，那里只有风霜，没有雨雪。

一个深秋的清晨，帐篷顶的沙沙声把我吵醒了。睁开眼，迷迷糊糊地伸手扯开帐篷的天窗，几滴雨带着凉气洒落进来。罗布泊下雨了？我把头探出帐篷向天上看，雨滴直接打在脸上，星星点点的，并不密集。在确认了不是梦境之后，我关好窗，又钻进被子躺下来。闭着眼睛，静静地听着雨滴落在帐篷上的声音，真好听。

罗布泊，下雨了……

伍

/

太阳和蓝色的地平线

——在荒原的踏查

罗布泊的天空，绝大部分时间是很单纯的蓝。地表的黄白色和天空的蓝色，在地平线上有一条明显的分界线，平直且没有尽头。我曾经看过一个对地平线的描述：那条线，总能看得到，却永远走不到。这个描述有趣且恰当。

我们的工作就是朝着那条永远走不到的线行走，指引我们方向的地图是高分辨率的卫星照片。在考察开始之前，先要对所要调查的区域做好划分，在地图上标出不同的区块，并对人员进行分组。每组的成员数量，会根据区块的大小有所不

荒原的地平线

在这种空间里行走的感觉很迷幻。四周的景色看起来似乎永远都是一样的，走再久都没什么变化。终点在现实中并不可见，仅仅存在于导航设备上。在荒原中很容易迷失，因为到处都是路，也到处都没有路。

同，但必须保证在两人以上，不允许单人行动。每天晚上，在总结了当天的调查成果之后，队长都会摊开地图布置第二天考察的范围。

罗布泊地区的地名很多颇有古风，比如海头、龙城、白龙堆、三垄沙、阿其克谷地。有些地点又用了字母来代替，比如 LA、LK、LE 和 LL。于是，在绿帐篷里开会的场景就非常像一场战略部署会议：第几小队，由谁带领，从哪里出发，行进几公里，在什么时间前到达集合点与车辆会合。

地质调查和考古调查的方式很像，差别是地质调查更关注地貌等自然环境方面的存在，考古调查关注的则是人类活动留下的遗迹和遗物。从行进的方式看，地质调查的队友们极少会低头行走，都是直奔地表的目标。而考古调查的队友们都像是丢了什么东西，东瞧瞧西看看，偶尔还会停下来捡起个什么来仔细端详。

考察区中的地貌颇不一致。有的是比较密集的雅丹区，有的是砂砾区，也有一部分是戈壁区。

“雅丹”是罗布泊中常见的一种地貌形态。斯文·赫定在罗布泊考察时，将这些成群分布、形态各异的土丘，按维吾尔语的音译称作 Yardang（原意是“具有陡壁的小丘”），并将这个名称写入了他的著作《中亚和西藏》（*Central Asia and Tibet*）。“雅丹”的中文名称也是由这个译名而来。之后，其他干旱地区的类似地貌，都采用了这个译法。[1]

1 牛清河、屈建军、李孝泽等：《雅丹地貌研究评述与展望》，《地球科学进展》2011 年第 5 期，第 516 ~ 527 页；夏训诚主编《罗布泊科学考察与研究》，科学出版社，1987，第 52 ~ 59 页。

发现遗物

荒原中的遗物虽然都暴露在地表，但如果没有调查经验也很难发现。因为这些遗物的体积都很小，也往往是孤立存在的。有一些小石块，虽然不是人工遗物，但因为长期在地表风蚀，表面会有很漂亮的纹理。

荒原中的雅丹有时候是成片分布的，尤其是那些低矮的雅丹。站在高处，会发现雅丹区往往顺着风的方向形成了很多条带，很像海中的浪。在这种雅丹区穿行非常费力，因为总是要爬上爬下的。雅丹的规模差异很大，高度从一两米到十

波浪一样的雅丹

在这样的地势下调查的效率很低。原因之一是雅丹起伏的地势减缓了移动的速度，二是遗物通常会在条带的低洼处。两条低洼虽然相隔很近，但如果要全部走到，往往要退回出发点换个角度再走一次。

余米的都有。因为风蚀的缘故，有些高雅丹的下半部分向内凹，就成了非常好的休息场所。高温和无差别景色造成的错觉，会让人觉得荒原里的太阳永远都是直射的。只有在这样的内凹处，才可能有一些阴凉。

楼兰时期的古代墓葬，绝大多数在高雅丹的顶部，所以我在一些高雅丹的顶部工作了很长时间。

在黄沙上行走是很不愉快的体验。首先是黄沙很软，流动性也很大，走起来非常费力，很像那种陷入泥沼的感觉。我们曾经步行攀爬过很大的沙丘，如果坡度非常陡，只能走横向的之字形才能够前进。另外在黄沙遍地的区域，往往是真正的寸草不生。在这样的环境中行走，经常只有前进的方向，却看不到要到达的目标。

穿行在古河道的河谷里，非常像在山谷里穿行。有些河道深且狭窄，两岸残留的高度有十几米。队员们在其中上上下下的，经常会忘记这里曾经是一条宽阔的河流。

考察区的周边也有山。在这次考察的过程中，我只有一次登山的经历。考察的内容是一座唐代

雅丹顶部平台上的青铜时代墓葬

这两座相邻的雅丹，高度都在 10 米以上。圆形顶部的平台四周，都是陡直的，并没有地方可以攀爬。所以登上去的时候，要先挖一些脚窝，颇费了一些力气。最初营造墓地时的自然环境和现在相比，一定发生了很大的变化。

越过沙丘

这样的细沙流动性很大，所以在地表上几乎看不到什么遗物。但如果一场大风过后，很可能会有一些遗物露出地表。攀登这样的沙梁非常吃力，每次爬到顶都会累得气喘吁吁。

的戍堡，我们也叫它石头城。戍堡坐落在一处颇为陡峭的山梁顶上，有路，但窄且陡。我虽然不恐高，但在攀登的时候，依然双腿发抖。有几处狭窄的地方，要手脚并用才能爬过。那是一次真正的“爬山”经历，也让我认识到，没有充沛的体力，无法在这样艰苦的环境中顺利完成工作。

古河道中的营地

这次的宿营地在古河道里，两侧的河岸非常明显。饭后大家散步的时候，都会在古河道中行走，因为在河道中也有发现遗物的可能性。在营地的附近，就发现了很多细石叶和石核。

翻过一道矮梁，眼前顿时空旷了起来。原来山顶是一处平台，且面积很大。回身再看，居高望远，能看到很远处的隘口。这可能就是选择这里构建军事要塞的原因：可以更早地发现敌情。在那里我们也找到了可能是生火放狼烟的证据。另外，可以想象的是，在这样地势的建筑，日常用品的

攀登戍堡

登山的经历虽然不多，印象却很深刻。站在山顶的戍堡上就可以理解为什么要选择这样的一处地方来构建要塞。登山杖在这种时刻发挥了巨大的作用，因为没带登山杖，我只能手脚并用才爬上来。下山的时候，姿势更难看，还因此被队友嘲笑了好久。

供给只靠人力背负，一定非常不容易。下山后，我的双腿还是抖了很久。

每个小队的考察区域，最小的也是以两公里为直径。因为实际上并不是按照直线行进，所以每次的行走要远远超过所说的直线距离。起初我并不敢独行，如果方向稍有偏差，就可能离集合点越来越远。在荒原里与大部队失散的后果难以想象，所以开始我总是会保证在我的视线里至少有一名队友。但没过多久，我发现如果把精力都放在寻找队友这件事上，就很难集中精力调查。加之慢慢有了一些在荒原中行走的经验，我也逐渐开始了一个人的行走。只是每前进一段，我还是会用对讲机呼叫一下队友，以便知道他们的位置，给自己一个心理安慰。这种安慰真的只是形式上的。对讲机信号覆盖的范围都在 5 公里以上，如果真的失散了，在这样的范围内去寻找队友，也是很困难的事。

调查的内容根据每个人的研究方向而各有不同。在地质方面有专长的同事，关注点是古环境变迁和地貌的形成原因等问题。他们采集地层中的测年样本、测量雅丹的规模，复原雅丹的初始形态，也采集其他各种各样的测试样本，比如孢粉。考古所的同事主要对人工的遗迹和遗物进行考察。

这里毕竟曾经是丝绸之路上重要的交通枢纽，也有过它盛极一时的时代。所以遗留在荒原中的人工遗物和遗迹数量并不少。我们这样的踏查方式，因为队员数量有限，其实并不能完全覆盖整个调查区域。在调查区中是否有发现，完全取决于调查者随机选择的行走路线。如果有发现，运气在其中也起了非常大的作用。所以，每个发现都是令人惊喜的，完全没有预期。

一天吃过晚饭以后，有队友到营地附近的古河道散步，其余的人都在最大的帐篷里聊天。天刚刚擦黑的时候，散步的队友就兴冲冲地走进来，摊开手掌，亮出了一枚铜质的印章。这枚印章保存完好，印文清晰，是那年科考非常重要的发现。印章的质地是红铜，印面方形，兽钮，印文后来被释读为“张币千人丞印”。根据质地、钮式、名称、尺寸及印文内容等分析，该印应该是一枚魏晋时期的官印，属千石以下官吏使用。有队友认为，这枚印章与中原传统官印的规制存在一定的差异，是糅合了中原传统印章制度和中央政府赐给西域诸属国官印某些元素制作而成。[1]

我也经历了另一枚印章的发现过程。那枚印章是队友张磊首先发现的，他在对讲机中呼叫附近的同事来现场。因为距离最近，我最先赶到了。印章就在地表，周围并没有其他遗物。这是一枚穿带式的印章，仅有铜质的印皮，印文是“官律所平”四字。[2]

这本是一枚斗检封，或者斗量封，用来在封泥上戳印做记号。“官律所平”的意思，就是符合官方律法的规定，达到了官方规定的度量衡标准。斗检封的出现，是官方推行统一规制的结果，在很多古籍上都有记载。如明朝方以智《印章考》记载：“《周礼·司市》注：‘玺节章，如今斗检封矣。’疏曰：‘案汉法，斗检封，其形方，上有封检，其内有书，则周时印章上书其物识事而已。’《说文》：‘检，书署也。’徐曰：‘书函之盖

1 吴勇、田小红、穆桂金：《楼兰地区新发现汉印考释》，《西域研究》2016年第2期。

2 张磊、秦小光、许冰等：《楼兰地区新发现斗检封及其指示意义》，《干旱区地理》2018年第3期，第545～552页。

铜印

这就是那枚“官律所平”印章被发现时的样子，印文依然清楚，其他部分也没有残损。我们在印章的周围区域又做了细致的搜寻，并没有发现其他相关的遗物。

也。三刻其上，绳缄之，然后填泥题书而印之。’《汉书》：‘金泥玉检。’《后汉·公孙瓒传》：‘皂囊施检。’后用纸作黏，黏而印之，殊为省事。”[1]

由于水和风的搬运作用，这些遗物被发现的地点，可能早已不是原来的所在了。它们的主人，

1 《续修四库全书》编纂委员会编《续修四库全书》，上海古籍出版社，2013，一〇九一子部艺术类，第646页。

也许是因为一时大意，在行走的过程中遗失了它们。今天被我们拾起来，这一丢一拾的两个人，也许相隔了两千年。

一天和队友刚刚越过一处高岗，就发现下面的平地上有面积惊人的散碎陶片。其中有些明显是在原地破碎的，还可以拼对起来。这景象和日

双河遗址的散碎陶片

双河遗址地表陶片的密集程度非常大。奇怪的是，我们在遗址内并没有找到房址、灰坑等表明曾有人类居住活动的证据。一些陶器就是在原地破碎的，几乎可以完全拼对起来。这些陶器的孤立存在，至今还没有一个有说服力的解释。但如此数量的日用陶器，也足以证明曾有一个古代族群在此处生活过。

常所见的荒原地表完全不同。于是在巡视了四周以后，我们也呼叫了其他的队友。队友们从四处聚集过来，都为眼前的发现激动不已。在确定了这是一处遗址之后，队长最终确定了这个遗址的名字。因为遗址地处两条古河道之间，所以它正式的名字，被叫作“双河遗址”。我和队长开玩笑说，为什么不能用四个发现者的名字来命名，这样我也有包含自己名字的遗址了啊。队长笑了笑没有在意。其实提这个建议的时候，我真的很认真。

调查采集的古代遗物中，石制品占有很大的比例。这些石制品中的一部分已经在楼兰博物馆全新的展陈中陈列。其中数量最多的是石叶和细石叶，最为精美的，是石斧。

石器的打制和加工对我来说，是一种非常典型的脑子学会了手却跟不上的技术。出于好奇心，我曾经买过石料和加工工具，企图通过看教学视频和查阅相关论文的方式自学成才，自己打几个石器出来。经过一段时间的准备，我自以为对打制各种毛坯和压片的技术都有了较深层次的了解，于是就叮叮当当敲打起来。这个自学成才的设想，最终以失败告终。偶尔一两次，能打下一块看得过眼的石片，也离预期相差甚远。至于压片，我一次都没有成功过。后来看过业内资深人士的打制现场，我发现除了声音像，我几乎没什么和人家像的地方。由此可见，自学成才这一方式，并不适合这样的专业领域。不过这样的尝试，也并不是一无所获。至少我知道了即使看上去很简单的石制品，加工过程也不会那么简单。而且非常可能的是，这种石制品的加工技术，要经过长时间的专业指导才能获得。

队友春雪是石器方面的高手。他经常会拿着一块我以为平淡无奇的石头告诉我，这是一个砍砸器，这是一个刮削器，这是一个复合工具的柄，或者，这是一个断掉的刃部。我和他组队调查的时候，曾经发现过一个可能是古代专门做石器加工的地点。在那里，他发现了一些可以拼合在一起的石片和石核。他跪在地上拼合了很久，我便帮他在周围寻找更小的残片。据说这样的标本，可以复原一个石器制作的全过程。

金属器（指铜器、铁器）虽然也来自天然，但总是要经过冶炼锻造才能获得，在人类历史上

春雪的野外工作

野外的发现除了运气外，更需要专业的视角和长期的训练。春雪在这个地点来来回回地寻找和拼对了非常长的一段时间。在我看来毫无联系的一些残片和断块，他真的在现场就拼对成功了一部分。

出现得非常晚。石器是人类最早利用自然材料加工的工具之一，也是可以留存至今的历史最久远的工具。当然，最初的工具和武器总是难以区分的。从加工方式和最终的形制来看，万年前的一

一个很有特点的石核

从石核上可以看到修整过的台面和细石叶被剥离后留下的痕迹。罗布泊地区的细石器出现得非常早，延续使用的时间也很长。细石叶通常会被做成复合式工具的一部分来使用。

些石器，和现代还在刀耕火种、保留了原始生活方式的人们使用的石器，几乎没有什么区别。

我们采集的石器中还有一些压制的箭头，长短大小不一，形状多样。调查过程中我们还采集到一些金属箭头。箭和刀一类的利刃，在古代人群中也是非常常见的必需品。日常生活中，它们是生活用品，可以用来狩猎和加工食物。战争中，

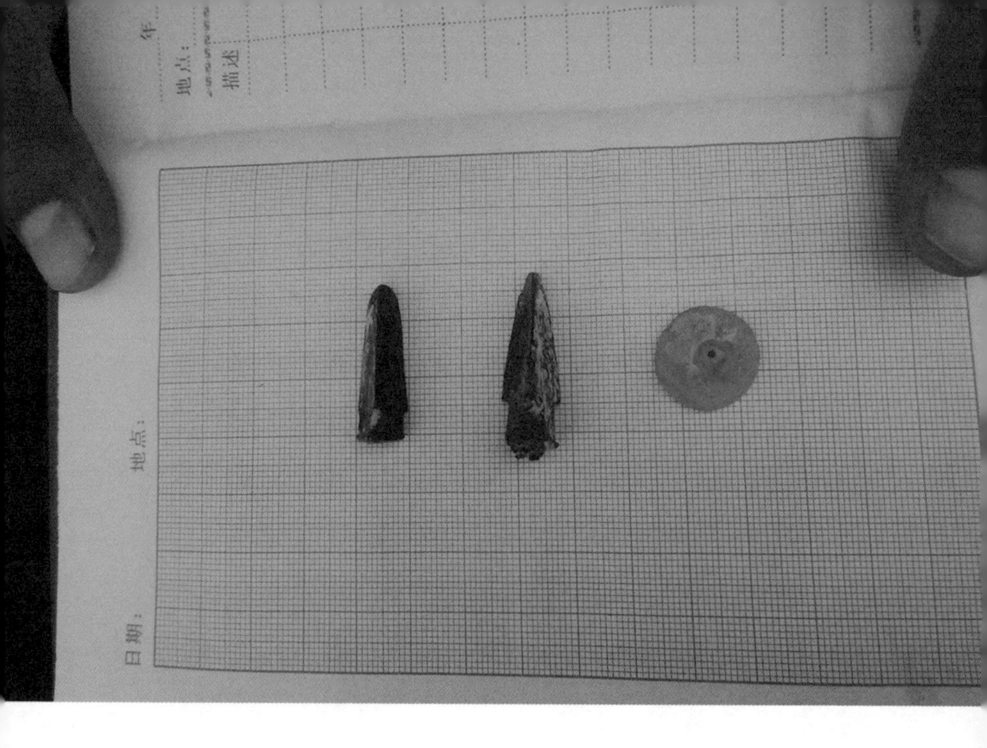

从地表采集的铜箭头和耳铛

箭头的形状不一致，可能代表着具有不同的功能。耳铛就是古代的耳钉，在汉代已经非常流行琉璃的材质。《孔雀东南飞》中描写过的“腰若流纨素，耳着明月珰”，指的就是这种耳饰。耳铛在墓葬的随葬品中屡有出现，我在南方墓葬的发掘中也曾经遇到过，但从地表采集的不多见。

它们又变成了武器。拾起它们的时候，我常常会想，这些箭头到底是用于何种情况，又为什么会散落呢？

美石为玉。所以那些磨制精美的石斧也被称为玉斧。那些石斧的精美程度，往往会令观者啧啧赞叹。从这些石斧的质地、形制和大小来看，可能和我们熟知的斧子没有什么可比性，仅仅是大体形状相同。我以为这些石斧，可能更适合作为工艺品，拿在手里把玩。石斧的珍贵也取决于它们的加工方式。我曾经自己磨制过一把小石斧。与压片试验比起来，磨制石器只要肯付出时间，总会有个接近预期的结果。为磨制那把小石斧，我整整用了一周的闲暇时间。

一件石制品

这件石制品的材质可以被称为“玉”了。这是用“管钻法”取出中间一部分后剩下的玉料。加工完成后，本来是断成了两部分。很巧合的是，我和小红同志在相隔不远的地方每人捡到了一半，刚好可以拼合在一起。这种遗物虽然并不是一件器物，但从另外的一个角度为我们阐明了当时玉器加工的一种方式。这种信息的采集，也是考古学研究关注的内容。

中午是罗布泊气温最高的时候，直射的阳光让眼前的一切似乎都在泛着白光，再看地表已经看不出有任何区别了。这时候就要寻找一处高雅丹，准备歇歇脚吃午饭了。

在考察区里最高的雅丹附近，常常会遇到陆续走过来的队友。大家其实并没有约定好在这里

吃午饭

队员们吃午饭的速度都很快。因为每天的食谱差不多，所以只要填饱肚子就好。如果遇到有风的天气，吃得速度就会更快一些，不然就会有很多细沙沾到食物上。包装的塑料袋等不能降解的垃圾，都会装进背包再带回营地统一做处理。

集合，只是因为在这种高雅丹下才有一点点荫凉可以让我们稍做休息。

采集的遗物和标本都要汇总给文物管理员。每天回到驻地，文物管理员小红同志就开始坐在她的帐篷前，等大家把调查过程中找到的遗物交上来。她是唯一全程参与了科考的女队员。每个采集的遗物，都要附有详细的背景信息，包括采

午休

席地而卧是踏查中最常见的休息方式。地面很硬，所以并不能睡得踏实。只要有队友起身出发，大家就都会陆续离开，继续调查。

集地点的坐标、环境，等等。小红同志的工作态度非常认真，所以有时候如果收获太多，采集品的登记到天黑了也没有结束，她的帐篷前，就会亮起一盏小灯。

这个时候，大家都很兴奋。因为考察期间大

采集品的上交登记

采集品的管理是个非常琐碎且耗时的工作，有时候大家都已经去休息了，小红同志还在继续填写采集品各种信息的统计表。

家是分头行动的，所以彼此也不知道他人有什么重要的发现。大家纷纷打开标本袋，聚在一起。如果有很重要的发现，发现者都会特别自豪，大家也都会分享这种喜悦。有些不确定用途的遗物，大家都会从自己的角度进行一番猜测。我在这种开放式沟通的环境中，不知不觉学到了很多知识。

在荒原中行走的时候，某个时刻我会觉得这世界上只有自己一个人。那个时刻，耳边只有风声，甚至连风声也听不到。我能听到自己的呼吸声和心跳声，也能清晰地听到鞋子踢走一粒细小石子发出的脆响。走累了，我会找个地方坐下来，可能是在一个红柳沙包旁边，也可能是在一个雅丹的最高处，认认真真地享受一会儿这个安静的世界和平静的心情。在那一刻，我没有过去，也没有未来。

20 世纪 80 年代的时候，我在电影院看过一个电影，叫作《海市蜃楼》，取景地就在新疆。那部电影在认知西域生活的领域里给我留下的印象之深，已经超过了小时候最喜欢的阿凡提先生。《海市蜃楼》改编自倪匡"卫斯理"系列小说中的一篇，篇名叫作《虚像》，是倪匡作品里非常少见的现实题材。在大荧幕上，我第一次看到了新疆沙漠的影像，也知道了“海市蜃楼”这种光学现象的存在。

“海市蜃楼”，也叫“蜃景”，在荒原中并不少见。只是我并没有见过亭台楼阁的幻影，虚幻的山影倒是经常会见到。在地平线上，有时候会影影绰绰看到连绵的山，山下还有一条更亮的光带，看起来很像河流。我知道，在那个方向，其实没有山，也没有河，那些只是光的折射，是一种虚像。

很多文学作品里描述过在沙漠中的旅人，在生命的最后时刻，用最后的力气狂奔向“蜃景”，又带着没有到达的遗憾死去。其实，只注重表象，而忽视事物最本质和最内在的东西，这似乎是无法避免的人性缺陷。那些人们趋之若鹜的“美好事物”，难道没有一些只是“蜃景”么？

在集合点再次见到早晨分手的同事，意味着一天的考察顺利结束了。清点人数之后，我们就原路返回。有时还没到营地，肚子就开始不争气地咕咕叫。营地的炊烟，是对劳累一天的考察队员最好的召唤。

陆

／

一颗星星刹住车

——在营地的夜晚

返程路上有时已经是黄昏时分。晚饭时间，也是科考营地最热闹的时刻。荒原的白天总是显得特别长，分头行动的队员也没什么交流的机会。我对考察中很多科学问题的认识，都是在这个时间通过和队友们沟通交流获得的。“术业有专攻”这个词，在这样的综合科考中有了最直接的体现。对其他队友的研究领域，我在理论、方法、目标方面，开始时都没有最基础的知识储备。在实践中，才逐渐有了一些浅显的认识。

晚饭过后，每天都有例会，总结交流当天的考察成果并布置明天的任务。例会过后，大家纷纷开始为 GPS、相机等电子设备充电，备份数据资料，撰写科考日记。驾驶员们开始检查清理车辆、加油，为第二天的跋涉做准备。发电机的隆隆声最初

返程的黄昏

考察地点通常是以宿营地为中心，向周边地区扩散。到了考察期的后段，离营地往往要一个多小时的车程。调查往往要持续一整个白天。返程的路上，白昼里黄色和蓝色的交汇，就慢慢变成了红色和黑色的融合。

调查归来后的工作

荒原中日落的时间很迟。如果踏查任务完成得比较顺利，回到营地的时候天还亮着。白天踏查的收获有时也会引发新的问题，大家会一边等着开晚饭，一边整理白天的收获，或者查找资料来填补工作中遇到的知识盲区。

在“无人区”的寂静里显得很突兀，听久了就会慢慢忽略它的存在。完成工作后的队员们，三三两两离开队部的大帐篷，回到自己的帐篷里。发电机一停，营地就彻底安静下来了。

日落前，我会搬张椅子，在

帐篷外面安静地坐一会儿。

荒原夜晚的颜色不是黑色的，而是一种很深邃的蓝。即使是最热的季节，看上去也没有温度，而且会随着夜的深沉显得越来越冷。夜幕开始低垂的时候，北方的天空中就会高挂起七星。它们会慢慢变得越来越近，越来越亮。再过一会儿，其他的星辰就会像城市里的灯光一样，次第点亮，由亮点变成光斑，最后凝成一条星河，横亘在营

黄昏时静静地坐着

荒原中的日落距第一颗星的升起，中间会有很长时间的间隔。在这个时段里，天空的色彩变幻得很繁复。直到能够清晰地看到第一颗星，夜幕才算完全拉起。

地上面，近得好像屋顶。

这是我在荒原中最喜欢的风景，为此我经常舍不得睡。尽管白天的调查已经耗尽了体力，我还是觉得能让这样的星星落在头上，对我来说是最好的休息。银河，在城市中只是一个词而已。所以，我很珍惜这样的时刻。

有时天气过于寒冷，大家会点起篝火围坐在一起取暖。听着火焰燃烧的噼啪声，很少有人说话。只是偶尔会有人起身，向火焰里添一根柴。火光把每个人的影子都拉得很长，映射在帐篷和地面上。随着火光的摇曳，那些影子好像在营地里跳起了舞。炭火有时一夜都不会熄灭。挖个长方形的坑，把炭火放进去，在炭火上铺一层沙子，踏平。把帐篷搬到上面，帐篷就有了地暖。睡在上面，热热的，很舒服。

在考察过程中，仅有一次因为没有在天黑以前到达预定的宿营地，于是半路上临时扎了营。那一天大家睡得都很早。因为还不是深秋的季节，有的队友没有搭帐篷。找了块略平的地面，直接铺好睡袋，就那样睡了一夜，这就是所谓的“天做被，地为床”吧。我简单感受了一下，最终还

篝火

有时候燃起篝火并不是为了取暖，只是单纯为了看着火焰的跳动发呆。偶尔还会去厨房找几个土豆埋在木炭灰里烧着吃，其实肚子并不觉得饿。在荒原里，会有很多看起来并没有什么意义的行为，但对我来说，这些都是度过这段时光必不可少的一部分。

是怕夜里会降温，搭起了自己的帐篷。

手机在罗布泊里没有信号，这从根本上改变了我在城市中睡前的一些不良习惯。北岛有一首短诗，题目叫《生活》，内容只有一个字——网。现在看来，这首诗有着超前的社会意义，尽管这一定不是诗人的本意。互联网加强了人与人之间的联系，也使人与人之间的关系前所未有地疏远。互联网打开了看世界的窗口，但浅阅读习惯和垃圾信息也占用了现代人太多的时间和精力。在这样的时代，我们却都很难逃离这样的生活方式。

我的手机成了一个音乐播放器，在我想为夜晚配乐的时候，随机播放着各种风格的声音。有时狂躁，有时忧伤，有时波澜不惊。

在荒原里有很多看到流星的机会。有时候是一颗，有时候是连续划过几颗，好像是想擦亮夜空的火柴头。据说对着它们许下的愿望，都会实现的。于是每次看到流星，我都会合掌闭目，许一个愿望。我许了很多愿望，但没有一个是许给自己的。

每次进入“无人区”之前，我都会和家人先报个平安。之后数日，再无联系。卫星电话是考察队联络外界的唯一工具，除非事出紧急，没有人会轻易占用这份资源。

2016 年秋天，父亲刚做完一个大手术后还没有出院，我就开始了科考的行程。在那年的旅途上，我一直充满着内疚和惦念。作为一个考古工作者，这么多年以来，我没有给亲人应有的陪伴。比起谢谢他们对我工作的支持，我更想说的一句话是——对不起。

帐篷里永远都很冷，至少我是这么觉得。睡醒后，常常会发现帐篷顶有霜。如果进入了 11 月，放在帐篷里的瓶装水也会结冰。在这样的温度下，入睡很快，也醒得很早。只要睁开眼，就会迅速穿戴整齐，钻出帐篷，揉着眼睛打着哈欠，去迎接刚刚升起的太阳和新一天的工作。

柒

/

关于逝者的记忆

——在古墓群的工作经历

我的专业领域与逝者的关系最为密切。所以在考察过程中，我的工作重点是罗布泊地区的古墓群。

从选择这个专业方向开始算起，我在这个专业领域的学习已经满 20 年了。这其实是个非常尴尬的阶段。在更广阔视角的认知体系上，我比不上我的前辈。在新理念和新方法的应用上，我又不及我的晚辈。我一直有着非常强烈的危机感，也一直在不断地寻找能在学术上有所突破的领域。经过经年累月不断的积累和尝试，我发现自己还是更关心遗骸中那些与古代环境和文化相关的线索，在讨论人类的适应性和生存策略的重建方面，我付出了更多的努力。

墓葬是逝者的永久居所，也代表着他们与这个世界最后的关联。墓葬的形制、规模和随葬品的多寡，包括摆放的位置，都代表着生者和现实世界对逝者的态度。这些方式，有的在人群中形成了广泛的认同，形成了统一的规制。也有的非常随性，草草了事，无章可循。当然，造成这种差异的原因，可能与事件发生的时代和埋葬那一刻的场景密切相关。

对于这样的永久场所，选择安置在何处，也从另一个侧面反映了人群对待逝者或者死亡的认知和态度。在石器时代，人们会将逝者安置在自己的居所附近，甚至居所的内部。这是真正意义上的“侍死如生”。对于这样的相互“陪伴”，他们并不觉得有什么不妥。后来，墓葬的所在地，就离生者的住所越来越远。尽管生者也会去选择那些宽阔平坦、依山傍水的所谓“风水宝地”。事实上，他们已经不再愿意逝者们与自己的世俗生活有任何瓜葛了。

罗泰先生曾经在《宗子维城：从考古材料的

角度看公元前1000至前250年的中国社会》一书中指出过这样的一个现象：到战国时代，随着社会的繁荣与世俗化，“死去的祖先已经从上天的超自然保佑者转变为可能有害的存在”[1]。这一方面体现在墓葬的营造越发规整，随葬品种类越来越丰富上；另一方面也表现为墓葬与现实世界的距离越来越远。

对逝者或者死亡产生恐惧感，最初是怎样替代了对逝者的思念和不舍，这是一个心理学问题。但我觉得这种“有害的存在”，也有可能和造成死亡的方式有关。因传染病死亡的逝者会造成病毒更大规模的扩散，暴力冲突或者意外造成的死亡可能会为生者带来仍存在于现实的影响，都是比较合理的猜测。

我在新疆看到过很多种古代不同类型的埋葬方式。在北疆，有些青铜时代和铁器时代的墓葬，在地表有着巨大的封堆。这些封堆用大小不一的

1　罗泰：《宗子维城：从考古材料的角度看公元前1000至前250年的中国社会》，吴长青、张莉、彭鹏等译，上海古籍出版社，2017。

石块堆积而成，现在还矗立在地表。有的封堆残留的高度也有十余米，可见最初建成的规模应该更为宏大。但这些封堆下面的墓葬，往往只是一个小型的、随葬品非常少的土坑竖穴墓。作为一种常见的墓葬类型，考虑到营造者可以动用的劳动力数量和所付出的代价，如此大型的封堆在一个人群中如此普遍的存在，这令我觉得非常费解。

在通过实物遗存去寻找线索的研究过程中，无处不存在着“取样偏差”。考古工作所面对的遗存材料，已经被流逝的岁月进行了筛选。比如在新疆的古代墓葬中，经常会发现各种各样的食品。肉类、面食、乳制品，都曾有数量可观的发现。食品类的随葬品，在其他地区很少被发现。是不是据此可以说明其他地区不用食物来随葬呢？很明显不行。我曾经在北方发掘过一个战国时期的墓葬，出土的铜容器因为密闭性非常好，也发现了其中盛着面食和鱼肉。这些受自身材质和保存条件限制的发现，影响了我们对最真实情况的认知。更多科技方法的引入，能够更好地探索这些问题。比如对随葬容器内的残留物进行分析，也可以说明这个容器在当时是否盛装了食品。

罗布泊地区的古代墓葬，以目前的调查发现结果来看，汉代到魏晋时期的数量最多，青铜时代到早期铁器时代的墓葬数量也很可观。由于地域过于广阔和荒凉，有些地区至今仍无人踏足，所以未来一定会有更多的新发现。

对逝者的敬畏感，并不能在所有人身上都有所体现，尤其是在利益的诱惑面前。利益是最好的人性试金石，金钱也是最危险的游戏。盗掘行为本质意义上作为偷盗行为的一种，很早就已经在人类社会出现了，由此产生的利益链环环相扣，存在诸多为这种行为开脱的理由，能够砸碎它的，也只有法律的铁拳。

20 世纪 90 年代初期对罗布泊地区的开发，使进入这片区域变得不如从前那么艰难和危险。随着闯入者的不断增加，现代设备定位了越来越多荒原中已经数千年没有人到达的点。盗掘者们或三五成群，或组成十几人的庞大队伍，以生命和自由为代价，在荒原里和保护者、执法者们打起了游击。他们中的很多人，都有丰富的野外生存经验，所以并不依赖非常好的装备。撞大运式的乱挖也不需要更多的专业知识。他们更多地凭借的是被金钱冲昏了头的勇气。

虽然在这次考察过程中，我们没有和盗掘者有正面的遭遇和冲突，但他们留下的痕迹时有发现。我们两次偶遇过盗掘者抛弃在“无人区”的交通工具。一次是摩托车，另一次是小型卡车。

盗墓者留下的摩托车

我坐上去试了试，发现因为排气管太低，这辆车并不适合在荒原上行驶。不知道这是不是他们暂时放弃了这辆车的原因。在车子前面几米处的雅丹下，我们还发现了盗墓者们留下的一整箱矿泉水，藏在挖好的一个小洞里。

这两辆车都已经不能正常行驶。盗掘者带走了油箱里的油。在那辆摩托车附近，我们还找到了他们埋在雅丹下面隐蔽处的整箱矿泉水。在荒原中，盗掘者会布置很多这样隐蔽的藏身点。一旦被发现，他们就会迅速逃离作案现场，躲在这些藏身点里，暂时避避风头。在茫茫雅丹区里想找到这样的藏匿地点，几乎是不可能的。

小崔曾经和我们讲过一些与盗掘者和闯入者斗争的经历。从行为特征看，其实很难在开始时就对这两个人群进行划分。有时经过数日艰辛漫长的追逐，最终能将盗掘者绳之以法。更多的时候，是通过驱逐让盗掘者知难而退。而不久之后，他们一定会卷土重来。这样的保护工作，真的是充满了风险，而且任重道远。

我本人对荒原中这些“文物窃贼”的态度非常矛盾。一方面，作为一个考古从业者，对他们的这种行为我感到深深的厌恶和憎恨。另一方面，作为一个普通人，我对他们这种对自身生命的漠视也感到深深的惋惜。无论如何，生命都是宝贵的，对每个人都一样。

荒漠区的遗址和墓地，因为埋藏环境极度干燥，土壤也没有那么大的腐蚀性，所以会有很多遗物非常完好地保存下来，包括木器和丝织品。这些就是盗掘者们寻找的“宝贝”，也为很多写作者提供了更直观的素材来源。近年来有很多以罗布泊和楼兰、精绝等遗址为背景的文学作品颇受欢迎。有的写盗墓，有的写探险。

经常有人会和我聊起对这些文学作品的看法，担心这些以“盗墓者”或者“探险者”为主角的作品，会不会在价值取向方面造成不好的社会影响，尤其是对青少年而言。对此，我觉得这完全取决于读者的清醒程度，以及他们分清楚虚幻和现实的能力和意愿。

我是在武侠小说的陪伴下成长起来的一代。但我从没有觉得真的有人会遁地飞升，日行千里，不死不灭。EIDOS Technologies 公司的著名游戏《古墓丽影》，其实也可以翻译成“古墓闯入者”。我不会把其中的主角劳拉和盗墓贼画上等号。同样地，以古代宝藏为创作主题的，还有电影《夺宝奇兵》。印第安纳·琼斯是我最早认识的“考古学教授”。这些作品带给我的，并不是对现实世界的指引，而是梦境的满足。我知道，这和我的现实世界，毫无关联。

在考察过程中我工作过的墓群主要有以下几处。楼兰东古墓群的壁画墓、平台墓地与孤台墓地、楼兰东 1 号墓地、2015 罗布泊 1 号墓地和 LE 古城周边墓群。这些古墓都曾被不同时期的盗掘者破坏过。我的工作，主要是在现场对已经散落的人类遗骸做清理和数据采集。

在楼兰东古墓群中，有一座非常著名的壁画墓。这座墓最初发现于 2003 年，壁画的内容和墓葬的形制，颇受学术界关注。考察这座墓葬的时候，全体队员都到了现场，从各个角度对这座墓葬进行了记录和分析。墓葬有前后两个墓室，在前室的东壁，有一幅保存相对完整的壁画。曾有学者对这幅壁画中体现出的文化因素做了非常详细的考证，认为这幅饮酒图来自“大酒神节”题材，与贵霜文化相关。[1] 同时，作者也对墓葬中出土的器物做了分析，提出墓室的设计和营建都体现出对佛塔供养的观点。持不同观点的学者认为，这座墓葬的

1　陈晓露：《楼兰壁画墓所见贵霜文化因素》，《考古与文物》2012 年第 2 期。

墓室中的壁画

03 壁画墓中的壁画人物集中在一处，有学者认为表现的是宴饮的场景。我觉得仅从现存的部分图像分析，很难确定这个场景中有多少信息和墓主人的现实生活相关。可以确定的是，壁画中的其中一个主要人物的须发颜色被表现为黑色。

文化属性应该是粟特人。[1]

对于这样的文化属性分析，我的知识储备并不能从专业的角度提出赞同或者反对的意见。我最关心的还是壁画中的人物形象。我期待能够从壁画人物中寻找到一些线索，看看他们的样貌如何。但非常可惜的是，壁画里六个人物的脸，大部分被破坏了。不知道这些“面孔”，现在流失到了哪里，还有没有机会看到，哪怕只是影像也好。

仅有一个身穿红袍的个体，还保留有面颊的下半部。可以看出他浓密胡须的颜色是黑色的。肤色和须发色，在现代人群之间仍然存在非常明显的差异。黑色的胡须，可能暗示着他在遗传层面上，更多地受到了欧亚大陆东部遗传谱系的影响。因为没有其他的参考和直接证据，这只是我在当时的一个推测。

在墓葬入口外面的平缓台地上，我们还发现了一具被盗掘者拉出墓室、弃置在外的男性干尸。

---

1 孟凡人:《论楼兰考古学》，载何德修主编《缤纷楼兰》，新疆大学出版社，2004；李青:《古楼兰鄯善艺术综论》，中华书局，2005，第400～410页。

根据现场的情况，并不能确定这具遗骸是不是这座壁画墓的主人。与壁画中描绘的形象不同，他的须发颜色都是金黄色的。在楼兰时期的人群中发现不同体貌特征的人，不足为奇。毕竟在那个时期，这里已经是不同体貌特征和文化传统的人群的会聚之地。

其他几个墓地的墓葬形制和风格颇为相近，只是在空间分布上有或近或远的距离。经过后期实验室的碳十四测年，这些墓地的年代都在汉至两晋时期。这些墓葬都被营造在高雅丹顶部。其中的原因，队友们曾经展开过专门的讨论。有的意见认为，这些墓葬的形成时期，正是丰水期，所以只有这些高雅丹的顶部露出了水面。也有的认为在那些更低的地方也有墓葬，只是已经被风蚀掉或者被人为破坏了，所以没有被发现。这些推论都符合逻辑。为了证明或推翻这些推论，队友们也在现场采集了相关的测试样品。破解这些谜题的工作，也一直在继续。

我之所以会认为风蚀破坏的猜测有存在的可能，是因为在调查的过程中曾经发现过一处被风蚀破坏的墓葬区。那些墓葬，仅仅保留了墓框底

雅丹顶部的墓葬

调查中发现的古代墓葬，几乎都分布在高雅丹的顶部。这种选址的方式为墓葬的营造增加了很大的难度。包括墓穴加工、材料的运送等，都要比在平地上费力很多。因为数千年的风蚀已经改变了雅丹最初的形状，所以很难推测最初人们选择这样去做的理由。

地表发现的晚期墓葬

考察途中偶然发现的遗骸。最初仅发现一个个体，勘察后发现最少存在十座墓葬，所以暂时命名为“十人墓”。奇怪的是这些墓葬的墓框都不明显，仅有一两座可以看出浅浅的长方形墓框痕迹，遗骸的风化程度也非常严重。现场没有发现任何随葬品，周围也没有发现相关的遗迹。对比其他墓葬的发现情况，这个墓地的年代应该很近。

部很浅的一部分，有的连墓框都没有保留。骨骼被风蚀得所剩无几，只可以勉强看得出轮廓，现场没有发现任何的随葬品。可以推测再过一段时间，这些墓葬就会完全消失不见了。

如果墓葬营造的形制代表着人群内部不同的层级、等级或者某种未可知的分类的话，楼兰地区的人群内部关系就显得非常复杂。常见的墓葬形制总体上可以分为墓室墓和竖穴墓两种。在等级上，墓室墓可能要更高一些。因为这些墓葬不仅面积大，而且随葬品更加丰富，在营造过程上也更加耗费人力，比如前面提到的那座壁画墓。在 2018 年调查的墓葬中，有一座直接利用雅丹顶部的隆起，挖空形成墓室，然后用木构件在其中做了支撑。虽然现在已经完全坍塌了，但还是可以看出当时的营造过程颇为精心耗时。

竖穴墓也分为好几种类型。最普通的小型长方形土坑竖穴墓、带斜坡墓道的竖穴墓、大型正方形土坑竖穴墓都有一定的比例，有时还会在一个墓地中同时出现。墓地中对遗骸的处理方式也颇为不同，有一次埋葬的，有敛骨重葬的，有的遗骸还明显经过焚烧。

坍塌券顶中的木构件

这座墓葬利用了雅丹顶部的自然形状营造了券顶，并在其中用木构件进行了加固。据现场的情况分析，存在木构件的部分可能就是墓室的主体部分。我穿过了那扇木门，里面的空间很狭小，但没有找到任何随葬品。

通常，在一个长期发展的稳定人群中，埋葬的习俗虽然会存在不同层级上的差异，但同质性占优。因为埋葬习俗在本质上代表着该人群对待死后世界的态度。不过，人类社会和人类行为毕竟具有复杂性。有些在当时非常明确易懂的规则，对时空相隔的我们来说，就变得难以理解。举个例子来说，某些现代人群，对遗体的处理方式和埋葬地点，会根据死者的死亡原因来划分。那些“暴毙”的非正常死亡个体，不会被安置在公共墓地里。这些可对比的资料，都会对我们理解古代墓地中的埋葬行为差异提供启示。

虽然知道这些墓葬之前已经被盗掘者破坏过，

带斜坡墓道的墓

墓室的营造完全依据了雅丹顶部原有的形态。墓道的两侧和底部都经过加工，有些地方还可以看到当时所用工具留下的痕迹。墓上有人工建筑，但无法直接确认这二者是否存在共时性。

也零星看到过几座被破坏的墓葬，但爬上雅丹顶被盗扰的墓葬平台的那一刻，我还是惊呆了。

因为土质坚硬，这些墓葬的墓框通常都非常明显，墓内的填土和墓框之间也很容易分辨，所

被盗扰的墓葬

从现场的情况分析，很难判断这些墓葬具体是在什么时期被盗的。通常在墓葬被盗的现场，盗墓者可能会留下矿泉水瓶或者烟盒、塑料袋等用品，有时也会发现废弃的挖掘工具。但在这个现场并没有发现任何现代的遗物。

以每座墓葬几乎都被挖到了底。墓内的填土成堆散落在地表，铺满了这片面积有限的区域。盗掘者的慌乱和匆忙使其行为的收获具有随机性，所以他们往往是不加选择地向下挖，然后带走一切能带走的东西。在地表能够看到的散乱随葬品，都是在盗掘过程中被损坏了的。仅有一只皮靴看起来还保留有最初的状态，可能是盗掘者在慌乱中将它遗忘在了现场。

显然，在盗墓者眼中，人和动物的遗骸都不能和金钱画上等号。所以在墓地里，到处都可以看到散落的骨骼。有些遗骸还被盗掘者直接从雅丹顶上丢了下去，滚落在雅丹中部或者直接滑落到了地表。这些骨骼多数都被折断。因为长期暴露在外，在日照和风蚀的作用下颜色惨白，有些已经剥离成了几层。看到这样的一幕，我很难准确形容那个时候的心情。同行的队友们巡行了一周，都不约而同地叹了口气，只说了一句："唉……"然后都沉默不语。

清理工作还是要继续开展。虽然在墓地工作所获取的材料，遗失了出土在哪个具体墓穴和在墓穴中的初始位置等非常关键的信息，但在"同时同地埋葬”这样一个大前提下，仍可以就现存的遗物情况分析出一些有价值的信息。

在我的研究领域里，有一部分属于比较形态学的内容，属于遗传规律和生物统计学相结合的一类综合性研究。其原理是基于同一人群的长期稳定发展，基因库会相对稳定，人群中的个体在外部形态特征上会保持一定的共性。这是因为人类的外部形态特征本就是由基因决定的，尤其是那些显性基因。稳定发展的时间越久，这种共性就会越强。在人群流动性相对弱的石器时代，人群通过与所处自然环境的长期互动，已经形成稳定的生存策略，这种策略体现在生产生活的各个方面。这样的人群一旦产生扩张或者群体性的大规模移动，就会携带其基因和外部形态特征向外传播。同时流动起来的，也包括惯性的生存策略。所以，结合人群的生物属性特征、自然环境、考古学文化面貌（生存策略的物化表现）三个方面的证据，就可以尝试对人群行为进行动态分析研究。

但在罗布泊地区，这样的研究方法是否适用，仍需要对具体问题进行具体分析。恶劣多变的生

被盗墓葬的清理工作

这些墓葬被盗掘后，盗墓者并没有对墓穴进行再次填埋，在墓室中还可以发现一些盗墓者认为不具有价值的遗物。这些残损的遗物，仍可以为判断墓葬的年代和文化属性等提供佐证信息。

清理时发现的四足木盘

因为暴露在地表暴晒，考察中所见的木器多数已经变形了。这种木盘可能是在下葬时用于摆放随葬品的。在墓葬中也发现有一定数量的羊头等动物骨骼。根据木盘等随葬品的形制，可以对墓葬所处的年代进行初步的判断。

存环境和交通要道的地理位置，导致不同体质特征和不同文化传统的人群都曾在这片土地上留下足迹。基于在其他地区建立起来的“稳定人群”界定标准，在这一地区的某个时代的适用性，以及如何应用，是一个非常具有挑战性的课题。

为了对这个问题开展一些探索性的尝试，我和队友们还采集了一些标本用于古代DNA和同位素的测试。从更多的学科视角对同一批标本进行研究，将各个学科的研究结果进行综合分析，对更深入更全面地阐明一个更接近事实的结论，已经变得越来越重要。

在墓葬区的工作环境往往很安静。因为考察时长有限，队友们都各司其职，专注于工作。如果发现了难以解释的现象，大家才会聚在一起展开讨论。比如我们发现在一些墓地中，有用很厚重的木材加工而成的棺木，榫卯结构非常巧妙，组合的方式也非常简便。一位队友在现场提出了一道选择题：这样厚重的木棺，是在居住地先组合好运送到这里的，还是在现场制作加工的呢？大家讨论了半天，并没有讨论出什么有价值的结论。但我们都觉得这个想法很有意思，同时也是一个应该被解决的科学问题。的确，对古代社会的研究，有时候就是“头脑沙暴”的过程。针对同一个现象，解释往往千差万别。我们的所有猜测，都无疑带有我们经历、能力和所受专业训练的影响，出发点和逻辑推导过程也各有侧重。尽

墓室内的工作现场

因为盗扰行为的破坏，墓葬现场的很多关键信息都已经无法准确地采集。这些信息包括：墓葬中埋葬的个体数、遗骸的摆放方式、随葬品的位置，等等。在现场的工作只能就现有的材料针对群体做有限的分析，并尽量采集一些关于墓穴和遗骸的量化数据。

管这样，每个基于事实想法的提出，都可能为问题的解决提供了方向。

考察结束之后，偶然在一本诗集中读到了这样一首诗：

木[1]

大树成为棺木

先于被安葬者死亡

每一个断面

都出现了

叫作年轮的湖泊

我读到的时候，可能与其他的读者有不一样的感受。

1 韩今谅：《一颗苹果宣布成为星球》，四川文艺出版社，2017，第77页。

捌

风掀起夜的一角

——沙暴的记忆

“科考队23日开始对预定目标开展考察，27日前往南部考察疑似大城的考察分队遭遇了一辆车水箱爆缸的事故，只好将车留在原地，用卫星电话请人从八百公里以外的库尔勒连夜送水箱进来。但28日凌晨沙暴来袭，一些帐篷睡袋被大风刮走，其余帐篷多被大风吹倒，给养也被沙尘破坏，被迫无奈之下，下午4点左右简单收拾了最重要的装备后，科考队在茫茫沙尘中拔营撤往四十多公里外的楼兰工作站，晚上9点半左右抵达工作站，这时天已黑尽，这里风沙也相对较小。

通过卫星电话与外面联系后得知沙暴将持续28日、29日两天，于是大家决定连夜撤回若羌，这时发现有辆车的汽油已不足以支持走到四百公里以外的若羌，只好留在工作站。其它5辆车快到罗布泊湖心时，一辆车的左前轮球头断裂，无法行驶，车上人员只好挤上其它车，继续撤往若羌。29日凌晨3点左右，4辆车到达若羌。”（此处内容为原文呈现）

以上的文字，节选自秦队长2014年的工作日记。

这是我们在罗布泊经历的第一次，也是规模最大、损失最严重的一次沙暴。这次沙暴完全摧垮了考察营地里的所有帐篷，也给我留下了非常严重的心理阴影。北方城市中偶尔出现的沙尘天气，与罗布泊中的沙暴完全无法比拟。荒原地表干燥松散，抗风蚀能力很弱。狂风骤起的时候，就会裹挟着沙砾，对风中的一切疯狂抽打。

裹挟这场沙暴的风是在半夜忽然刮起来的，之前毫无征兆。我和另两名队友当时还住在一个三人帐篷里。因为帐篷的支架过高，在沙暴中很快就开始剧烈摇晃。刚起风的时候，我们还准备

沙暴中的营地

沙暴袭来时天气并不是阴沉的，阳光还是很耀眼，只是多数时间被沙尘遮蔽了。

用体重压住帐篷继续睡，但很快，我们发现帐篷顶已经快塌了。为了不让帐篷垮掉，我们只能坐起来，占据帐篷的三个角落，用身体撑住帐篷顶。尽管经过这样的努力，在黎明到来之前，帐篷里所有的构架还是全都折断或者弯曲了。我们的身上也积了厚厚一层沙。找到出口，钻出帐篷，发现营地里其他队友的帐篷损坏也很严重。一名驾

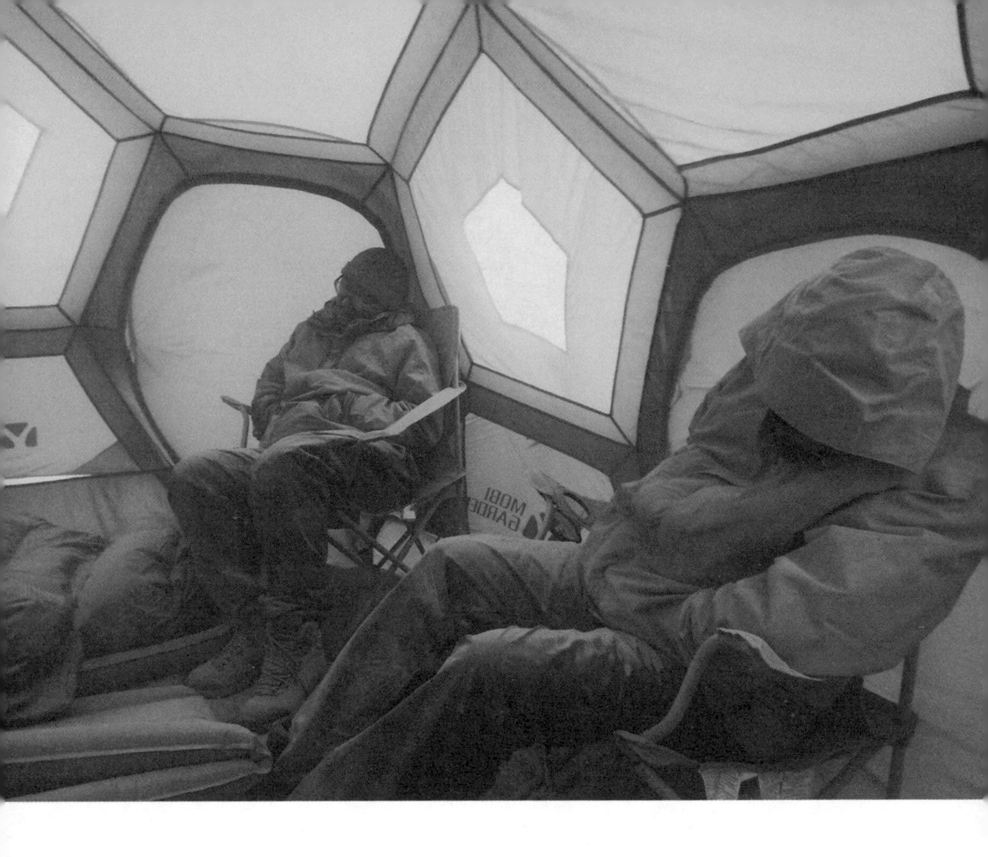

沙暴下的帐篷

这样的状态持续了几乎整整一天，除了原地等待外，我们既无处可去，也无事可做，最后已经无话可说。我们都不想抖掉身上的沙子，因为即使抖掉了，很快就会再积上厚厚的一层。

驶员因为一直在车里避风，他的帐篷和睡袋已经不知何时被风带走了。

沙暴越来越猛烈，在室外只要开口说话，嘴里就会灌进沙子，有些细小的沙尘会吹进眼睛里。风越来越大，人在行走过程中已经很难保持平稳。

一夜没睡好的队员们，都去做饭的帐篷找吃的。看来昨夜，大家都被折腾得不轻。

失望。除了方便面，所有食物都被风掺入了沙子。拿一张馕，吹一吹上面的沙，再敲打两下，掰成小块。简单啃两口馕，大家又都返回自己的帐篷，等待风停。在这种天气里我们能做的，只有等待。

这样的感觉很难传递。于是后来在我向朋友们说起这次沙暴的时候，用了一个我以为不很恰当的比喻。《西游记》里有一个妖怪叫作黄风怪，就是那个在灵山脚下得道的黄毛貂鼠，他吹出的风曾经让孙悟空束手无策。沙暴的威力大概就是这样。

回到帐篷的我们，先把折断和被压弯的构架做了意义不大的修整。然后在整个白天只做了一件事：每人坐在帐篷的一角，裹好衣服，顶住帐篷。大家心情郁闷，没有任何交谈。偶尔会睡着一会儿，但不久就会醒来。因为长久不动，每个人身上都积了厚厚一层沙。没有人去抖落这层沙，因为很快就会再次积满。

我留下了一张在沙暴中的自拍像。现在看起

来，眉头紧锁，忧心忡忡。我曾经在一本杂志的封面上，看到新疆文物考古研究所的老所长——伊弟利斯·阿不都热苏勒先生在一场沙暴里的自拍，感觉他经历的那场沙暴，比这一场要大得多。

就这样硬撑到下午，风丝毫没有停的迹象。我们只好暂时把所有的帐篷放倒，用重物压住或者用沙埋住，带了一部分给养，撤到了楼兰工作站。在工作站用卫星电话联系了若羌以后，我们

沙暴中的自拍像

风越吹越猛，这时候营地里的能见度已经非常低。在自己的帐篷前基本看不清其他帐篷的情况。

得知这场风至少要刮三天。我们带出来的给养并不能够坚持这么久啊。于是队长决定——马上撤离回到若羌去！

用“奔逃”来形容这次撤离经过丝毫不会觉得过分。在撤离的路上，因为坏掉了一辆车，所以车上的队员又被散开挤到了其他车上。经过了一天的等待，大家都疲惫不堪，拥挤和颠簸又加深了这种烦躁感。不见太阳，在风沙中也根本看不到路，更看不到前面的车灯。这样深一轮浅一轮地颠了一路，凌晨三点终于到达了若羌。冲洗过后躺下来，耳边依然还是风沙的声音，也依然能感觉到身体在挤压感中不断晃动。

第二天下午，酒店打扫卫生的服务人员非常确定地认为，我用酒店的毛巾擦了鞋子，因此非常生气。的确，白色的毛巾已经变成了深棕色。我无法反驳这样的推理结果，所以我很歉意地表示我愿意赔偿。但出于委屈，我还是做了非常无力的解释。因为事实的确是：经历过沙暴之后，我的头发、耳朵和脸，真的比我的鞋子还脏。

那个白天的经历直到现在我都不愿意再想起。虽然已经过了那么久，我依然会后怕。在当时环境下那种时不时就会冒出来的绝望感，至今还是非常清晰。

沙暴过去后，补充了给养的我们又回到了营地，开始了重建工作。之后每年的考察过程中，至少都会有一次沙暴来临。所以自第二次考察开始，我们的备品里又多了防风镜和口罩。

沙暴后的营地

撤离营地之前，我们压了一些重物在帐篷上防止它们被吹走。重返现场，发现效果还不错。

沙暴是干旱区特有的一种天气现象，也是自然界的一种暴力回馈。不过还好，人类对自然界已经开始慢慢地像我们的祖先一样敬畏。自然予我们的回馈，也像曾敲打在我帐篷上的雨滴一样，越来越温和。

玖

/

离别的意义

适应了荒原的生活以后，会对它有一种归属感，也会把营地当作荒原中的家，考察过程中最后一个营地的路标是一棵树。

天气渐凉的时候，我们就该离开这里了。我是个非常不想面对离别的人。每次考察结束，完成了对考察资料的初步整理和移交，我都会选择匆匆离开。临行前，并没有机会过多表达不舍的情绪，只是像每次调查时走出营地一样，和大家挥手告别。有几次因为是在清晨离开，和队友们连再见都没有说。

回归城市的日常生活，荒原就变得遥不可及。

营地的路标

这棵被我们叫作“大公鸡”的树，是五年考察过程中最后一个宿营地的路标。
看到这个路标，就表明离我们在荒原中的家，已经不远了。

帐篷、背包、科考服，都被放在备品箱的最里面，不知道下次什么时候才用得上。在很长一段时间里，在那一片虽然荒无人烟，却因为有了队友永远深情满满的神奇土地上，用身体的行走和头脑的思考一起构筑的美好记忆，也被封存了起来。

在一些特殊的时刻，那些记忆会被一些画面

触动，被一些声音触动，被一些文字触动，甚至被某种气味触动。之后，就像一台按下了播放键的老式幻灯机一样，考察的画面，一张张开始在眼前播放——定格——播放。记忆中的点点光亮，会伴着那些本不存在的咔嗒咔嗒的换片声，如同那些从罗布泊荒原中一直向我走来的、身着红色科考服的身影，变得越来越大，也越来越醒目。

为此我感到无比荣幸。

致谢

深深感谢参加“罗布泊地区自然与文化遗产综合科学考察”项目野外考察工作的全体队员，以及为了这次考察任务能够顺利完成，一直在默默付出的所有亲人和朋友们！

拾

每个人的一生都是一次远行

在荒原的日子里，我几乎放弃了洗漱的习惯。节约用水，为我的懒惰找到了冠冕堂皇的理由。对这样一个事实，我也可以表述为：因为水在荒原中的稀缺和珍贵，并没有洗漱的可能。两种表述方式，可能都是真实的，但都不是真实的全部。

人的记忆会改变。我们总是拿起那些我们愿意记住的美好或者不得不记住的伤痛，放在记忆的匣子里。它们有时候会乱了顺序，有时候会变了样子。这样看来，很多我们以为是真实的记忆，可能已经在不经意间，被我们自己改变了。

影像的记录更容易接近真实，所以照片占据

了这本小书的大部分篇幅。那些场景就是我在罗布泊荒原中看到的。文字记录的，是当时的一些感受。更准确的说法是，我看着这些照片时回想起的，当时的感受。这些文字，只是这些影像的注脚。

把没有任何依据的主观想法具象化，是撰写论文时的大忌。这样写作会显得很任性，也非常不科学。回看这些文字的时候，我自己有时也会觉得很陌生。和我最熟悉的论文写作方式比起来，这些文字里的“我”太多了。这种表达方式，对那些不熟悉“我”的读者，读起来可能会显得非常生硬。如果真的是这样，非常抱歉，请原谅我的任性，并忽略掉那些对主观感受的描述吧，那些也并不重要。

荒凉的沙漠和繁华的城市之间，只隔着一个热水澡和一碗碎肉拌面的距离，那么远，又那么近。我总是会在当下的环境中想念那些在时间上已经非常遥远的过去，或者一个在空间里暂时遥不可及的地点，那些都曾经是我的远方。

虽然在荒原的科考总是好像昨天才刚刚结束，但很多关于那些年行走的记忆，已经散落在那片荒原雅丹的沟壑之间，不会再发出任何声音了。不知道还会不会再有机会，回去听一听那些曾经清脆声音的回响。

告别荒原之后不久，我在一座南方城市的非常小的音乐会现场看了一次尹吾的演出。他是20年前我很喜欢的一位歌者。他唱起一首歌，名字叫作《每个人的一生都是一次远行》。歌里唱道：

沙漠公路

只有荒凉的沙漠
没有荒凉的人生

“昨天的故事已背在行囊，明天的希望还在路上。”我鼻子忽然一酸，眼前的一切都变得不那么清晰了。如果明天的希望依然还在路上的话，那么只能继续走，继续得到或者失去。

2017年秋日的一个中午，我行走在那条穿越了塔里木盆地的沙漠公路上，看到路边的固沙带里有这样的一行字——只有荒凉的沙漠，没有荒凉的人生。

为之记。

己亥年岁末于庐州比臼斋

跋一

╱

此会诚难忘

邵会秋

从我第一次踏入罗布泊至今已逾15载，在这期间为考古发掘和调查四进罗布泊荒原，每次都留下了深刻的记忆。作为一个在高校工作的考古人，已经习惯了不断从城市到田间、从田间到课堂的转变，也很快就能适应每次不同的野外生活。在过去的经历中，始终能够留在记忆深处的就是这些野外的发掘和调查，它们构成了一个个时间节点，可以让我轻易地记起。正是有这些精彩而难忘的经历，平淡的人生才显得那么不一样。

在这些时间节点中，在罗布泊的经历与众不同。那里没有手机信号，也没有嘈杂的人群，更没有杂事纷扰。一望无际的荒漠、肆虐的沙尘和枯死的胡杨林让我体验到了大自然的威严和荒原的独特魅力。在罗布泊，土地是如此干旱贫瘠，以至于寸草不生。在罗布泊，荒原又那么富有，几千年的文明就藏匿在那里。而行走在罗布泊中，留下的是诸多的难忘——

难忘库尔勒到若羌路边的百里胡杨，红黄相间的人间美景！

难忘那硬得都能当凶器，敲在车轮毂上还能奏响打击乐的馕！

难忘荒漠中的苍凉，还有那早已枯死却屹立不倒的胡杨树！

难忘在荒漠上的雅丹中穿行，稍不留意就找不到回去的路！

难忘楼兰古城那三间房和佛塔，虽残破不堪，但闻名于世！

难忘三个伙伴在沙暴中各坐在帐篷一角，灰头土脸地压着帐篷时那种绝望的感觉！

难忘烈日当空、炎热难耐的考察途中，躲在雅丹下午休，只有上半身在阴影中！

难忘罗布泊梦幻般的星空，仰望它可以让人忘掉整日的疲惫！

难忘楼兰文物工作站高高的瞭望塔和那两排“星级宾馆”，还有那只蜇了 W 老师的蝎子！

难忘在夜晚几个伙伴围绕着篝火，边吃着烤熟的土豆，边吹着牛！

难忘沙尘袭来，饥肠辘辘，颠簸十几个小时撤出罗布泊的狼狈场景！

难忘傍晚归来，迎着夕阳，卸掉疲惫，坐在帐篷边，奢侈地喝上一壶绿茶！

难忘被冻得瑟瑟发抖的早晨，水已经结冰，烤着篝火，喝着粥！

难忘发现遗址的喜悦，那一片片的细石器，犹如镶嵌在地上的珍珠！

难忘考察中一路随行、生活中互相帮助、同甘共苦的兄弟！

罗布泊科考已经过去很长时间了，但每当我重新翻看书中这些照片时，思绪便会飘回那遥远的地方，回到那片神秘而让人难以忘却的土地，那个地方叫罗布泊！

跋二

／

Last Dance

王春雪

所以暂时将你眼睛闭了起来，

黑暗之中漂浮着我的期待，

平静脸孔映着缤纷色彩，

让人好不疼爱……

所以暂时将你眼睛闭了起来，

可以慢慢滑进我的心怀……

每次听见伍佰在1996年发行的这首*Last Dance*，思绪都会被拉回到扎在罗布泊腹地河床上的帐篷中。我现在回想起在罗布泊科考中的每个夜晚临睡前都会反复听这首歌，有一次哼了几句，被魏老师听见，说了句：“这首歌好像很老哎。”

是啊，这首歌很老，老得想让人用尽生命里所有的时光去爱它，其实罗布泊对于我来说，大抵真的是一场穿越时空的爱吧。

儿时看过一部纪录片叫《穿越罗布泊》，里面讲述了穿越“死亡之海”罗布泊的种种艰辛和困苦，让我顿时心生向往，想不到工作之后竟真能有机会亲自穿越罗布泊，可能唯一发生变化的是心境。出发点变了，不再追逐那些神秘感，而是出于专业的原因，想去探究一下罗布泊地区史前人类的生活轨迹。我之前一直在东北地区及环渤海地区开展工作，从未踏足西北地区，故充满着对罗布泊的渴望。虽然没有撕心裂肺的伤感，却也没有无可奈何的消极失望。

在罗布泊腹地科考的日子，时间仿佛静止了，一切世间的喧嚣都抛在脑后，给了我很多思考的时间。我本来是个容易焦虑的人，在罗布泊里居然能够找回我自己，只有那一刻整个世界才属于我自己，也只有那一刻，心才不再需要安慰，人才不再需要陪伴，时间静止，空间泯灭，才能让我从容整理自己的心情，透视自己的灵魂。在罗布泊的戈壁上经常能看到一堆堆的野骆驼粪，所以在科考期间，我的梦里总能依稀听到野骆驼群的嘶鸣，亦真亦幻，虽然一直没有见过真正的野骆驼群，但一直会怀念。直到我最后一次离开罗布泊回到现实世界之后，我不再怀念，因为梦里我也有了一匹满肚子孤独的野骆驼，它驮着我走在那片曾经是戈壁草原的荒漠上，哼着一如往日的悲伤，步入了黄昏。

我们的罗布泊科考生活一直在重复着——昨天、今天、明天。昨天往往最为美好，也最值得怀念；而今天，则是最值得珍惜的一天；明天，虽无法预料，但必定也是令人满怀憧憬的。这些都是我们仨生命中最重要的日子，缺少了其中任何一天，都无法算是真正圆满的人生。爱如松脂，将回忆包裹成琥珀，让时间静止于璀璨。在平行时空下，我依稀能看到魏老师站在远处的雅丹下面唱着一首《旅人》，一袭黑衣，孤寂而静瑟，远处篝火旁的邵老师笑望着他，静静地欣赏那首歌。人生总是充满了惊喜和失落，有恰到好处的遇见，也有撕心裂肺的怀念，但时间总是向前，没有一丝怜悯，无论剧终还是待续，愿我们都能以梦为马，不负此生。

It’s not “Last Dance”。

图书在版编目（CIP）数据

罗布泊腹地的旅人：72 天科考随记 / 魏东著. --
北京：社会科学文献出版社，2020. 8（2022. 5 重印）
（吉林大学哲学社会科学普及读物）
ISBN 978 - 7 - 5201 - 7169 - 4

Ⅰ. ①罗… Ⅱ. ①魏… Ⅲ. ①罗布泊—科学考察—普及读物 Ⅳ. ①P942. 450. 78 - 49

中国版本图书馆 CIP 数据核字（2020）第 158431 号

· 吉林大学哲学社会科学普及读物 ·
罗布泊腹地的旅人
——72 天科考随记

著　　者 / 魏　东

出 版 人 / 王利民
组稿编辑 / 恽　薇
责任编辑 / 陈凤玲
责任印制 / 王京美

出　　版 / 社会科学文献出版社 · 经济与管理分社（010）59367226
地址：北京市北三环中路甲 29 号院华龙大厦　邮编：100029
网址：www. ssap. com. cn
发　　行 / 社会科学文献出版社（010）59367028
印　　装 / 三河市东方印刷有限公司

规　　格 / 开 本：889mm × 1194mm　1/32
印 张：6. 625　插 页：0. 5　字 数：92 千字
版　　次 / 2020 年 8 月第 1 版　2022 年 5 月第 2 次印刷
书　　号 / ISBN 978 - 7 - 5201 - 7169 - 4
定　　价 / 68. 80 元

读者服务电话：4008918866